KB077369

똑똑한 엄마는
착한 아이로 키우지 않는다

유년시절의 따뜻한 기억과 사랑을 준 소녀 같은 엄마 김순열,
열정적인 삶의 자세와 유머를 가르쳐준 청년 같은 아빠 강종원 님께

똑똑한 엄마는 착한 아이로 키우지 않는다

초판 1쇄 2020년 12월 22일
초판 2쇄 2021년 03월 04일
지은이 강혜진 | **펴낸이** 송영화 | **펴낸곳** 굿웰스북스 | **총괄** 임종익
등록 제 2020-000123호 | **주소** 서울시 마포구 양화로 133 서교타워 711호
전화 02) 322-7803 | **팩스** 02) 6007-1845 | **이메일** gwbooks@hanmail.net

© 강혜진, 굿웰스북스 2020, *Printed in Korea.*

ISBN 979-11-972750-0-5 03590 | **값 15,000**원

자발적 경단녀 **로스쿨생 엄마**의 똑똑한 육아법

똑똑한 엄마는
착한 아이로 키우지 않는다

-

강혜진 지음

굿웰스북스

힘들어서 미치고
행복해서 미치는
육아 이야기

정확히 1년 전 오늘의 일기이다. 무심코 나의 블로그를 열었는데 1년 전 오늘의 일기라 놀랐다.

"갑자기 추워진 12월. 버스 정류장 벤치에 앉은 은율이를 마주보고 쪼그려 앉았다. 내 장갑을 벗어 차가운 작은 손에 끼워주었다. 나머지 한 짝도 얼른 끼워주려고 서두르는데 고개 숙인 나를 은율이가 가만히 쳐다보며 말한다. "엄만, 안 추워?" 눈물이 핑 돌 만큼 감동했다. 거짓도 과장도 없는 있는 그대로의 마음…. 엄마를 생각해주기 시작하는 43개월 아이. 사랑을 가르치니 사랑을 아는 아이, 공감할 줄 아는 사람으로 자라는 것 같아 고맙고 안심이다."

아이를 키운다는 것은 힘들어서 미치고 행복해서 미치는 일이다. 이보다 더 육아를 잘 표현하는 말이 있을까? 은율이가 갓난아기일 때 쌓인 집안일과 피로로 인해 거실 한가운데 주저앉아 엉엉 소리 내어 운 적이 있다. 배고픔, 수면 부족 그리고 지적 욕구를 만족시킬 수 없는 삶에 지쳐만 갔다. 하지만, 1년 전 오늘의 일기처럼 태어나 한 번도 느껴본 적 없는 감동을 아이는 내게 선물했다. 세 살, 자기밖에 모르는 나이에 아끼는 마지막 과자 하나를 나에게 주던 그 눈빛. 27개월. "엄마 달이 슬픈 일이 있나 봐. 달이 쏙 들어갔어."라는 말로 나를 황홀경에 빠뜨리던 순간. 아이를 키워본 부모라면 누구나 이런 아련하고도 가슴 터질 것 같던 순간을 기억할 것이다. 동시에 처절할 만큼 자신의 본능을 거스르며 싸워야 했던 순간도 떠오를 것이다. 아이 키우기 프로젝트로 인해 의도치 않게 부부간의 갈등도 심심찮게 일어났을 것이다.

세상에 변호사는 많지만 내 아이의 엄마는 나뿐이다

이 책을 펼치면서 여러분은 "로스쿨을 다니는 엄마가 왜 집에서 아이만 키웠을까?", "왜 '똑똑한 엄마'는 착한 아이로 키우지 않는다는 거지?" 생각했을 것이다. 대학원 입학 당시 나는 30대 중반이었음에도 국제변호사에 대한 꿈으로 가득 차 결혼은 안중에도 없었다. 그러나 사람의 앞일은 참으로 알 수가 없다. 입학한 지 얼마 되지 않아 다른 학교 로스쿨에 다니던 남편을 만나 그 해 여름 결혼했다. 그리고 이듬해 가을 은율이는 우리에게 찾아왔다.

출산 후 학교를 계속 다닐 것인가 고민했다. 나의 결정에는 세 가지의 경험이 영향을 미쳤다. 첫째, 내가 속한 교회였다. 당시 나는 '가정을 살리는 교회'로 유명한 김양재 목사님의 우리들 교회를 다니고 있었다. 신혼시절, 교회 소그룹 나눔에서 연배가 많은 집사님들의 자녀 이야기를 수도 없이 들었던 터였다. 어릴 때 엄마와 충분한 애착을 형성하지 못해 현재 ADHD 등의 문제로 치료를 받고 있다는 이야기를 심심찮게 들었다. 내가 학교를 다닌다고 해서 아이에게 반드시 문제가 생긴다는 것은 아니지만 아이의 어린 시절이 굉장히 중요하다는 것을 생생히 들었기에 나의 꿈만을 생각할 수는 없었다.

둘째, 가족상담학교에서의 배움이었다. 대학시절부터 몸담았던 국제선교단체인 YWAM(Youth With A Mission)의 뉴질랜드 베이스에서 30대 중반, 가족상담학교를 수료했다. 여덟 쌍의 부부와 싱글이던 나, 이렇게 열일곱 명의 학생이 있었다. 그 부부들의 자녀가 떠올랐다. 부모 역할이 아이에게 얼마나 지대한 영향을 끼치는지 수업 시간에 배웠고 온종일 베이스에서 여러 가족들과 생활하며 육아를 간접 경험했다.

셋째, 나의 유년 시절의 기억이었다. 유년 시절은 나이가 들수록 강하게 다가온다. 나는 워킹맘 아래서 자랐다. 책의 마지막 부분에도 자세히 다루었지만, 나는 엄마와 살 부비며 보내는 시간이 늘 그리웠다. 아이가 얼마나 엄마를 강하게 원하는지, 워킹맘들이 얼마나 갈등 속에서 아이를 키우는지, 엄마의 빈 자리를 메우기 위해 애쓰는지 누구보다 절실히 알고 있다. 나는 아이가 원하는 만큼, 차고 넘치도록 나의 품과 시간을 아이에게 주고 싶었다. 그것은 유년 시절 나 자신에게 주는 치유의 선물이기도 했다. 그래서 6년 전인 2015년 12월, 배 속 은율이와 함께 포항에서 경기도로 올라왔다.

친정도 멀고 시댁도 멀었다. 혼자서 은율이를 키우며 나는 은율이와 정말 끈끈한 유대를 형성해갔다. 글로 다 표현하지 못할 만큼 지독하게 힘들었지만, 물러서지 않고 길렀다. 내 진심을 하나님이 알아주셨던 것일까. 은율이가 두 돌 무렵 친정언니가 휴직하게 되면서 자주 들러주었다. 정말 감사했다. 은율이를 기관에 보내지 않고 키우면서 몸은 고되었지만 나는 아이와 일상을 만끽했다. 순수함으로 가득한 머릿속의 생각을 내뱉은 은율이의 신기했던 말, 그 추억으로 가득하다. 한낮의 고요한 햇살이 아직도 살결로 느껴지는 것 같다. 다음 날 어린이집을 갈 필요가 없으므로 은율이는 보고 싶은 책을 실컷 보고 잠이 들었다. 내가 사소한 아르바이트도 하지 않았던 이유는 간단하다. 사람의 스트레스 수용력에는 한계가 있기 때문이다. 그 용량을 아이와 직장과 나누고 싶지 않았다. 남편이 사무실을 개업한 지 얼마 되지 않은 때라 가끔 고액의 과외가 들어오면 솔깃해지기도 했다. 하지만, 나의 사랑을 먹고 자라는 은율이를 보며 매번 거절을 결심했다. 지금 생각해도 참 잘한 일이다. 벌써 54개월, 어린 아이 시절이 너무나 짧기 때문이다.

착한 아이란 무엇일까?

내가 말하는 '착한 아이'란 '내 말 잘 듣는 아이'다. 부모들은 '우리 애는 참 착해요.'라는 말을 자주 한다. 은율이를 내 말 잘 듣는 아이로 키우고 싶지 않았다. 흔히 부모들이 '착하다'는 기준을 '내 뜻에 맞는' 것으로 이해하는 것을 자주 보았다. 그런 상황이 안타까웠다. 가족상담학교와 수많은 육아서를 통해 부모의 틀과 원칙만 강요받고 자랄 경우 창의성과 아이 고유의 본성이 사라진다는 것을 깨닫게 되었다. 나는 늘 아이를 관찰했다.

나는 은율이가 하나님께서 주신 고유한 모습 그대로 자라길 바랐다. 내가 아이의 주인이 아니며 아이의 청지기란 사실을 잊지 않으려 노력했다. 아이들은 천재이며 그것이 잘 발현되도록 돕는 부모가 최고의 부모라고 생각했다.

진짜 착한 아이란?

나는 뛰어난 관찰자였다. 은율이의 감정, 행동을 관찰했다. 그리고 반응을 아끼지 않았다. 은율이는 엄마의 관찰과 반응에 따라 빠른 발달을 보였다. 20개월에 '작은 별' 노래를 부르기도 하고 "언니, 어디 있어?", "엄마, 아빠, 은율이는 없네?", "밖에 트럭 무슨 소리지?"와 같은 말을 했다. 〈거미가 줄을 타고 올라갑니다〉를 패러디한 〈은율이가 계단을 올라갑니다〉를 부르며 다락방 계단을 올라 우리를 깜짝 놀라게 했다. 22개월에는 "이렇게 추운데 할아버지는 어디 갔어?"라고 말하기도 했다.

사소한 것 하나도 아이의 의사를 물어보았다. 그러자 은율이는 만들기를 할 때도 "조립도대로 하지 않아도 되지?" 하며 창의적으로 하기를 좋아했다. 엄마가 충분한 사랑을 준다는 것을 알았던 터라 떼쓰는 일이 거의 없었다. 점점 나의 방식에 확신을 갖게 되었다. 착한 아이는 잔소리로 크지 않는다. 물론 큰 틀을 정해주어야 아이는 그 속에서 안정감을 느낀다. 하지만 죽고 사는 문제가 아닌 것에서 나는 아이에게 선택권을 주었다. 존중받은 아이는 스스로를 존중하며 부모를 존중하고 친구들을 존중한다. 착한 아이는 존중으로 만들어진다.

그 결과, 은율이는 큰 강연장에서도 보채지 않고 엄마와 강연을 들을 수도 있었고, 장거리 여행에서도 책을 읽거나 오디오 책을 들으며 시간을 보내는 아이가 되었다. 이런 것이 특별한지 몰랐는데, 엄마들에게서 '어떻게 아이랑 그런 것들이 가능하냐?', '어떻게 아이랑 하루 종일 보내느냐?'는 말을 들으며 점점 쉬워지는 육아의 추월차선의 비밀을 나누고 싶었다. 아이를 착한 아이가 아닌 '고유한 본성 그대로 존중해주고 키우면' 그 열매가 차츰 드러나 추월차선으로 주행할 수 있다는 것을 말해주고 싶었다.

아이에게 집중한 5년이 진정한 나의 꿈을 이루게 했다

또래의 대학원 친구들이 고액 연봉을 받으며 일한다는 얘기를 들으면 손가락을 꼽아보곤 한다. '그 때 시험을 봤더라면… 졸업했더라면….' 하지만 나의 선택을 후회하지 않는다. 아니, 오히려 더 많은 시간을 은율이와 보내지 못함이 아쉽다. 20대부터 나의 꿈은 작가, 강연가 그리고 가정상담사였다. 나는 이 모든 꿈이 따로 떨어져 있다고 생각했다. 자격증이나 시험으로 이루는 꿈이 아니어서 가슴에만 품고 있었다. 그런데 하나님이 나에게 주신 생명에 충실했더니 길이 열렸다. 온전히 아이에게 몰입하며 보낸 시간은 나를 작가이자 가정상담사로 만들어주었다.

이 책을 쓰는 데 20년이 걸렸다. 왜냐하면 내 인생의 경험이 모두 담기어 완성된 이야기이기 때문이다. 유년으로 거슬러 가자면 더 오래일 것이다. 혼자만의 싸움인 원고 집필의 시간, 힘들 때마다 나는 생각했다. '나의 이야기로 한 엄마와 아이가 더 오랜 시간 살을 부비며 보낼 수 있다면, 아이의 마음을 엄마가 알고, 아내의 마음을 남편이 알 수 있다면, 그런 선한 영향력을 끼칠 수 있다면.'

화려했던 결혼식이 끝나고 한 아이의 엄마가 되어 이 땅에서 고군분투하고 있는 엄마들이 이 책을 읽고 육아의 한줄기 빛을 보았으면 좋겠다. 유망한 앞날이 있던 엄마가 잠시 그 길을 중단하고 좌충우돌하며 아이를 키운 이야기를 통해 육아의 방향에 실마리를 잡았으면 좋겠다.

오랜 기다림 끝에 이 책이 나왔다. 은율이와 함께한 제주도 여행에서 마음 깊이 숨겨놓은 책쓰기에 대한 열망이 피어올랐다. 하지만 어떻게 책을 낼 수 있을지 몰랐다. 그 때 책 쓰기 코칭계의 구루인 김도사님을 알게 되었다. 열정이 있지만, 그것을 펼치기를 주저하는 나를 격려해주셨다. 걷고 있으면 뛰어보라고, 뛰고 있으면 날 수 있다고 응원해주셨다. 나의 잠재력이 터져나올 수 있게 이끌어주셨다.

나의 첫 책이 세상에 빛을 볼 수 있게 해주신 굿웰스북스에 감사드린다. 언제나 열린 마음으로 의견을 수용해주시고 원고에 대한 격려를 아낌없이 해주심에 진심으로 감사드린다. 늘 소탈하고 진심어린 마음으로 대해주셔서 편하게 작업할 수 있었다.

마지막으로, 가족들에게 깊은 감사를 드린다.

만만치 않은 세상과 맞서기엔 배움도, 부모님께 물려받은 밑천도 없었던 우리 양가 부모님의 인생을 격려해드리고 싶다. 무엇보다 아름다운 자손들을 이 땅에 태어나게 해주심에 감사드린다. 새벽마다 기도해주시는 시아버님, 시어머님, "최고의 유산인 신앙을 물려주심에 감사드려요. 그 기도의 힘으로 저희는 살아갑니다. 사랑합니다." 20대 부터 일구신 공장을 일흔이 넘는 지금까지 쉬지 않고 이끌어 가시는 아빠, 색소폰 동호회 활동으로 뮤지션의 꿈을 이루신 언제나 청춘 우리 아빠, "멋있어요." 은율이 가고나면 서운해서 눈물 지으시는 정 많은 우리 엄마, "내가 따뜻한 엄마가 될 수 있었던 건 모두 엄마 덕분이에요. 사랑해요."

친정엄마 이상으로 은율이를 아껴준 언니, "말로 다 표현하지 못할 만큼 고마워. 날마다 한계를 경험했던 그 시간을 언니가 없었다면 결코 통과하지 못했을 거야." 은율이의 좋은 미술선생님인 고모, "항상 고마워요." 오빠 그리고 새언니, "형제가 없는 은율이에게 좋은 사촌언니와 사촌오빠가 있게 해줘서 고마워요."

틀린 어법 찾듯이 천천히 사랑을 가꾸어가자며 프로포즈했던 남편 지훈, "바쁜 중에도 사무실에서 밤새워 원고를 탈고해주며 문자 그대로 틀린 어법 찾는 사랑을 보여주어서 고마워. 분유도 기저귀도 까먹던 허점 많은 아내, 남들과 다른 육아관을 지향하는 나를 믿어준 당신이 있었기에 소신대로 아이를 키울 수 있었어. 고마워요." "세상에 엄마보다 좋은 사람 없어"라며 날마다 내 귓가에 사랑을 속삭이는 은율, "너로 인해 엄마는 진정한 엄마가 되었단다."

혈육은 아니지만, 혈육보다도 가까웠던 교회 목장 공동체 식구들에게 감사함을 전한다. "시댁도 친정도 멀었던 낯선 동네에서 여러분과의 만남으로 따뜻한 시간을 보낼 수 있었어요."

남편은 아이의 이름을 성경 「로마서」 6장 14절에서 따와 은혜 '은', 율법 '율'로 지었다. "죄가 너희를 주장하지 못하리니 이는 너희가 법 아래에 있지 아니하고 은혜 아래에 있음이라." 아이를 이렇게 저렇게 키워야 한다는 법을 알고 있었지만, 나는 종종 실패했다. 어느 날은 피곤해서, 어느 날은 스트레스로 좋은 엄마 노릇을 하지 못했다. 율법으로는 늘 실패하는 육아였지만, 값없이 베푸시는 은혜의 선물 아래 있었기에 날마다 다시 일어날 수 있었다. 자격 없는 내가 한 생명을 돌보는 엄마가 될 수 있는 기회를 주신 하나님께 말할 수 없는 감사를 드린다.

목 차

1 장

왜 아이를
키우면서
불안해하고
두려워할까?

4 장

개성 있고
당당한 아이로
키우는
8가지 방법

5장

아이도,
당신도
분명 잘할 수
있을 거예요

1 장
—

왜 아이를
키우면서
불안해하고
두려워할까?

나도 좋은 엄마가
될 수 있을까?

나는 애초부터 좋은 엄마 될 자격이 없는 사람이었다. 아마 이 글을 읽는다면, 누구나 좋은 엄마가 될 수 있다는 자신감을 듬뿍 가질 것이다. 고백하건대 나는 '아이는 왜 낳아. 우리나라에 인구가 이렇게 많은데', '아이보다 강아지가 훨씬 귀여워.'라고 생각한 적이 있다. 그런 내가 육아서를 쓰고 있으니 세상은 참 오래 살고 볼 일이다. 아이들의 사랑스러움과 고귀함을 알아보지 못한 과거의 나 자신을 뉘우친다.

지방이 고향인 나는 기차 탈 일이 잦았다. 기차 안에서 아이들이 칭얼대거나 우는 소리가 들리면 흘깃 그쪽을 쳐다보곤 했다. 좀 조용히 해달라는 무언의 신호였다. 지금 생각하니 참 기가 막힌다. 그런 내가 지금은 칭얼대는 아이 때문에 복도에 나와 쩔쩔매는 엄마들을 보면 늘 아이의 간식을 들고 가 응원한다.

게다가 나는 천성적으로 비위가 약한 사람이다. 한의원에 가면 꼭 듣는 소리가 비장과 위장이 약하다는 말이다. 돼지고기나 소고기도 조금만 냄새가 나면 잘 먹지 못한다. 아이를 임신한 후 나의 최대 걱정은 아이가 똥을 싸면 어떻게 하느냐는 것이었다. 지금 다섯 살이 된 딸이 갓난아기였을 때, 나는 아기가 남편 퇴근 무렵 똥을 싸주기를 간절히 바랐다. 똥 기저귀를 갈 자신이 없어서였다.

퇴근해서 짜증 한 번 내지 않고 기쁘게 기저귀를 갈아준 남편에게 진심으로 고마움을 느낀다. 신통방통하게 저녁 무렵에만 똥을 싸던 은율이가 고마웠다. 그러던 어느 날 정신을 차리고 보니 나는 은율이의 똥 싼 엉덩이를 맨손으로 씻기고 있었다. 지금도 시어머니의 말씀이 귓전에 들리는 것 같다. "어머, 은율 에미 좀 봐라. 이제는 맨손으로 똥 닦일 줄도 아네."

나는 손재주가 없다. 청년 시절 교회에서 살다시피 하며 교사로서 열심히 중고등부를 섬겼다. 어느 토요일, 교사들은 다음 날 학생들에게 줄 선물을 포장하고 있었다. "저는 포장 같은 건 잘 못 해요."하며 다른 일을 하려는데 다들 괜찮다며 같이 하자고 했다. 그 말에 자신감을 얻어 선물 포장을 시작했다. 그때 내 모습을 유심히 지켜보시던 부장 선생님의 놀란 표정이 떠오른다. "혜진 선생, 진짜 못 하는구나."

아직도 종이비행기 접기가 헷갈리고 돛단배 접기는 배워도 배워도 내 머릿속의 지우개다. 또한 물건 조립은커녕 내 손에만 들어오면 멀쩡하던 것도 고장이 나고 만다. 그래서 친정 식구 중 가장 큰 피해를 본 사람은 물건 공유가 잦은 친정 언니였다. 언니의 물건을 많이 고장 낸 데 대해 이 지면을 빌어 심심한 사과를 전한다.

▶ 설렘과 걱정이 공존하던 시간

아이의 믿음 앞에 엄마는 초능력을 발휘한다

임신 소식을 들었을 때, 여느 엄마들처럼 예쁜 요리, 블록 쌓기, 만들기를 할 수 없다는 데 대한 걱정이 앞섰다. 딸이라는 소식에 더 걱정되었다. 그런데 엄마는 뭐든 할 수 있을 것이라는 강한 믿음을 가진 딸 앞에서 가끔 초능력을 발휘한다. 얼른 조립해달라는 눈빛을 쏘아대는 딸 앞에서 텐트형 침대를 조립하고 삼각대도 조립한다.

아직도 기억이 생생하다. 빔 프로젝터에 쓰는 특이한 삼각대를 주문한 적이 있다. 남편이 올 때까지 택배를 숨겼어야 했는데 아이에게 그만 들키고 말았다. 얼른 조립하라고 성화인 아이 앞에서 나는 거실에 엎드려 10초간 간절히 기도했다. 그리고 기적처럼 조립을 하고 그날 아이와 신나게 〈주토피아〉를 보았다. 엄마에게 정말 불가능은 없는 것인가라는 생각이 절로 들었다.

나처럼 좋은 엄마가 되기 힘들 거라 걱정하는 사람이 있다면, '자신의 어릴 적'을 떠올려 보면 어떨까 한다. 손재주 없는 엄마로 인해 트라우마를 겪었다거나 비위가 약한 엄마로 인해 상처를 받은 경우는 드물 것이다. 하지만 엄마가 나의 말을 귀 기울이지 않아서, 형제자매와 나를 차별해서, 남과 비교해서 속상한 적은 있을 것이다.

아이를 좋아하진 않았다. 그러나 어린 시절의 나, 지금의 나를 만든 가정의 환경, 주변 사람들의 성장 배경과 그로 인한 정서나 인격 형성에는 관심이 많았다. 한 인간을 형성함에 있어 가정이 어떤 영향을 주느냐에 늘 관심이 있었다. 그래서 서른이 넘어 대학생 때 몸담았던 국제 선교단체의 뉴질랜드 베이스에서 가족상담학교 과정을 밟기도 했다.

누구나 좋은 엄마 되고 싶어 고민을 한다

내 육아관에 지대한 영향을 미친 이가 있다. 바로 '하은맘' 김선미 씨다. 어느 날 동네 도서관에서 우연히 그녀의 저서 『불량육아』를 읽기 전까지 나는 육아서라고 하면 그저 아이 우유 먹이는 법이나 갑자기 아플 때의 대처 방법 등을 담은 것이 전부일 것이라고 생각했다. 두 돌이 채 안 된 아기를 키우며 쪽잠을 자느라 1분 1분의 잠이 귀했는데, 그날 밤새워 그 책을 다 읽었다. 읽으면서 얼마나 울었는지 모른다.

김선미 씨 딸은 만 16세에 사교육 하나 없이 연세대에 정시로 합격했다. 그것도 중학교부터는 언스쿨링을 하면서 말이다. 하지만 내가 김선미 씨의 육아관을 좋아하는 주된 이유는 자식을 명문 대학에 조기 입학시켰기 때문이 아니다.

경쟁이 치열해 행복 지수가 낮은 한국에서 내면이 단단하고 행복한 아이로 키워냈기 때문이다. 그런 김선미 씨도 좋은 엄마가 될 수 있을까에 대해 큰 불안을 가졌다는 것을 보면 좋은 엄마가 될 수 있을까에 대한 고민은 누구에게나 있는 것 같다.

▶ 아이는 그 자체로 기적이다.
38개월

육아에 대한 본능적인 두려움

참 신기하고 놀라웠던 이야기 하나를 마지막으로 하나 더 하려 한다. 은율이가 응가를 한 후 화장실에서 엉덩이를 씻겨주고 있었다. 배변 독립을 하는 과정에서 수치심이 동반된다는 사실을 알고 있었던 터라 배변 후 아이를 씻길 때 늘 포옹해주고 애정표현을 많이 해주었다. 그날도 그렇게 씻기고 있는데 아이가 이런 말을 하는 것이었다. 너무 신기해서 메모해두었을 정도다.

"엄마, 나도 엄마처럼 나중에 이렇게 해줄 수 있을까? 아기 낳으면?"

한참 엉덩이를 씻기던 나는 너무 놀라 귀를 의심했다. 딸은 고작 45개월 무렵, 만 세 살이었다.

그 후 아이의 그 말을 곰곰이 생각해보았다. 여자로서 장래에 어린 생명의 보호자가 된다는 사실을 본능적으로 깨닫고 있는 것일까?

본능적인 것인지 부모의 모습을 보며 학습된 것인지는 잘 모르겠다. 하지만 자녀를 돌본다는 것에 엄청난 헌신이 따른다는 데 대한 걱정을 어린아이도 막연하게나마 갖고 있다는 것을 알 수 있다. 그것이 보편적인 걱정이라는 것을 이보다 잘 보여줄 수 있을까. 그러니 걱정하는 자신을 너무 걱정하지 않아도 될 것 같다.

조카 우는 소리만 들어도 스트레스 받는 사람도 괜찮다. 토끼 모양 쿠키를 구울 줄 몰라도 상관없다. 블록 같은 건 해본 적도 없는 엄마여도 안심해도 된다. 나만큼 신체적으로 또는 심적으로 좋은 엄마가 되지 못할 자격을 두루 갖춘 사람도 없을 것이다.

게다가 난 출산도 늦었다. 38살에 지금의 딸을 낳았으니 말이다. 달리기로 따지자면 출발선 한참 뒤에서 뭉그적거리며 딴짓하다가 땅! 하는 소리에 놀라 뒤늦게 출발한 케이스이다.

아이를 가졌을 때 나는 늦깎이 대학원생이었다. 포항의 한동대 대학원을 다니고 있었는데, 기독교 학교인지라 금요일마다 채플 시간이 있었다. 채플 시작 시간에 늘 모두 일어나 찬송가를 불렀다.

임신을 확인한 그날의 기억이 또렷하다. 가을, 하늘색 카디건을 입고 나는 가사가 적힌 스크린이 잘 보이는 중앙 앞줄에 서 있었다. 찬송가를 부르며 일어선 채 난 많은 눈물을 흘렸다.

하나님이 우리에게 대가 없이 주시는 은총에 대한 내용을 담은 영어 찬송가였다. '제가 좋은 엄마가 될 수 있을까요? 배 속의 이 생명을 잘 기를 수 있을까요?', '나는 자격이 없는데 이렇게 귀한 생명을 나에게 맡겨 주셨네요.' 감격과 걱정이 뒤섞인 눈물이었다. 아이를 가진 엄마들의 마음이 다 이러하리라 생각한다.

나는 아이의 태명을 미라클이라고 지었다. 기적은 나의 힘으로 되는 것이 아니다. 내 배 속의 아이를 내 손으로 지은 것도 아니다.

기적은 나의 걱정으로 이루어진 일이 아니다. 기적은 그 자체로 완벽하다. 오늘부터 자격 없는 내게 주어진 아이라는 기적 앞에 걱정보다 그저 놀라워하고, 감탄하자. 기뻐하고 감사하자.

▶ 초음파를 통해 0.18cm의 미라클을 처음 본 날 2015년 9월

사랑하니까
불안하다고?

엄마의 불안은 아이의 행복한 유년을 앗아간다

뉴질랜드에서 가족상담학교를 수료한 후에, 상담 실습에서 보조 상담
사로 참여한 적이 몇 번 있다. 그중에서 기억에 남는 여덟 살짜리 A라는
아이가 있다. 자기표현을 무척 잘하는 귀여운 얼굴의 아이였다. 상담 선
생님은 그 아이에게 그림 치료를 해보셨다. 그리고 나는 모든 대화를 기
록하는 역할을 했다.

아이는 학교생활을 그려보라는 상담 선생님의 말에 담임 선생님을 괴
물로 그렸다. 상담하는 내내 "선생님은 괴물이에요! 친구들도요. 난 여기

가 싫어요!"라는 말을 참 많이 했다. 여덟 살에 영어 때문에 기러기가족으로 조기 유학을 온 것이었다. A의 얼굴이 아직도 또렷이 기억난다. 나는 마음이 참 아팠다.

그 어머니를 만난 적은 없지만, 무슨 급한 마음에서 그렇게 어린 아이를, 그것도 그렇게 싫다는 곳에서 유년 시절을 보내게 하는지 이해할 수 없었다. 가장 행복해야 할 유년 시절에 말이다.

물론 부모가 되고 보니 그 마음이 어떤 것인지 조금은 이해가 된다. 지금 조금만 참으면 영어도 곧잘 하게 될 것이니 견뎌보자는 마음이거나, 한국에서의 치열한 경쟁을 피해보겠다는 생각일 수 있다. 그러나 엄마의 염려와 불안에서 비롯된 결정에 아이가 희생당했다는 생각이 여전히 많이 든다.

태어나 처음 접하는 교육 기관은 학습과 배움에 대한 평생의 이미지를 결정지을 수 있다. 그래서 특히 초등학교가 아이에게 어떤 느낌으로 다가오는가는 정말 중요하다. 좋은 선생님뿐 아니라 친구들, 성취도 같은 모든 환경적 요인이 잘 어우러질 때 아이는 성공적인 학습경험을 할 수 있다.

여기서 부모의 역할은 정말 중요하다. 특히 엄마의 역할이 지대하다고 생각한다. 창의력 넘치는 아이가 획일적인 교육을 받은 선생님을 담임으로 만날 수도 있다. 그럴 때 엄마는 어떤 역할을 해주어야 할까? 어떤 지혜로운 말로 선생님의 권위를 깎아내리지 않으면서도 내 아이의 창의성을 키워갈 수 있을까? 어떻게 하면 선생님의 말이 아이의 자존감에 상처 주지 않게 할 수 있을까?

평소 내 아이에 대해 세심히 관찰해왔고 내 아이를 가장 잘 아는 엄마만이 그런 상황에서 지혜로운 말과 행동을 할 수 있을 것이다. 막연한 불안함으로 남들이 다 달려가는 영어, 학습지, 연산 문제집 풀기, 또는 선행학습 대신 내 아이에 대한 연구에 좀 더 힘을 쏟았으면 좋겠다.

▶ 나이도 성격도 비슷한 친구의 두 딸과 함께

13년간의 영어 과외를 통한 임상 결과

내가 아이를 키우면서 장기적인 관점에서 큰 무게를 두고 있는 것이 있다. 그것은 바로 평생 배움의 즐거움을 느끼는 아이로 커가도록 하는 것이다. 나 역시 수험생으로서 한국에서의 치열한 입시를 통과한 사람이다. 또 그 후에 13년간 영어를 가르치며 수험생들을 가까이서 지켜보아 왔다. 거기서 공통적으로 느낀 바가 있다.

배움에서 자발적 기쁨을 얻지 못하는 아이들은 결코 학습에서 탁월함을 보여주지 못한다는 사실이었다. 설령 성실해서 내신이나 수능 모의고사에서 좋은 성적을 거둔다고 하더라도 어쩐지 매력적인 모습의 아이는 아니었다. 어딘가 여유가 없고 유연한 사고를 하지 못했다.

내가 여러 번 읽으며 마음의 중심을 잡는 데 도움을 받은 책이 있다. 바로 웨인 다이어의 『모든 아이는 무한계 인간이다』이다. 저자는 "자신에 대한 이미지가 긍정적이어야 공부도 잘한다."고 한다. "흔히들 재능이나 행운, 돈, 지능지수, 가족, 외모 등이 인생의 성공 여부를 결정한다고 생각한다. 하지만 건강하고 긍정적인 자기 이미지를 만드는 데 비하면 이런 것들은 부차적인 것에 지나지 않는다. 자신에 대한 이미지가 개선되면 성적도 올라갈 뿐더러 자신의 생활을 좀 더 즐기게 될 것이다."

지금 이 책을 읽는 여러분은 혹시 인생에서 성취하지 못한 것이 있는 가? 그렇다면 그 이유는 무엇이라고 생각하는가? 나는 남들보다 내 아이 큐가 낮아서, 고액 과외를 못 받아서 무언가를 이루지 못했다고 생각하 지 않는다. 그보다는 부정적인 마음, 스스로를 한계 짓고 쉽게 포기하는 마음 때문이라고 생각한다. 즉, 나 자신을 믿지 못해서 충분히 역량을 발 휘하지 못한 것이다.

아이가 나중에 공부를 잘하지 못할까 봐 걱정된다면, 또는 현재 자녀 의 성적이 좋지 않다면 잘 생각해보자. 어떤 과외 선생님을 찾을까를 고 민하기 전에 아이가 자신에 대해 갖는 이미지를 개선할 수 있도록 돕는 것이 우선이다. 결국 공부라는 것은 본인이 해야만 하는 것이기 때문이 다.

나는 한때 단기간에 성적을 잘 올리기로 유명한 인기 영어 과외 선생 이었다. 청담동, 도곡동 등 안 가본 데가 없다. 그런데 결국 선생님이 올 려줄 수 있는 성적에는 한계가 있다는 사실을 부모들은 잘 모른다. 아이 가 부정적 자아상을 가진 경우 일정 수준까지 성적을 끌어올린다고 하더 라도 그 이상의 탁월함은 기대하기 어렵다. 게다가 성적 때문에 아이를 닦달하다 부모와 아이의 관계가 멀어지고, 아이의 자존감이 낮아지는 부 작용이 일어나는 것은 순식간이다.

▶ 제주도 여행. 세 살

초·중학생 때는 엄마 말을 따라 공부를 잘 하다가 어느 순간 학교도 가지 않고 집도 나가버리는 등 걷잡을 수 없이 튕겨 나가는 아이들의 이야기를 심심치 않게 보고 듣는다.

열성파 엄마였던 지인의 이야기다. 그분은 큰딸이 과외 선생님 집에서 수업을 받는 동안 아파트 주차장에서 내내 기다리셨다. 동생들을 데리고 놀이터에서 기다리신 날도 있었다. 열과 성을 다해 키웠건만 엘리트로 커가는가 싶던 큰 딸은 어느 순간 학교를 그만두었고 수능도 보려 하지 않았다.

또 선행학습을 잘 따라주던 아들이 초등학교 6학년이 되자 반항하기 시작한 케이스도 있다. 선행학습에 지친 아들이 어느 날부터 반항하고 화를 내기 시작했다고 한다. "엄마! 오늘부터 엄마가 이 가방 메고 다녀!" 씩씩거리며 엄마에게 자신의 책가방을 메라고 지시했다고 한다. 하는 수 없이 가방을 메어본 엄마는 무척 놀랐다. 가방이 몹시도 무거웠던 것이다. 그동안 강압적으로 공부를 시킨 데 대한 미안함에 학원을 그만 다니게 하셨다고 한다. 모두 성취, 불안, 그리고 초조에서 비롯된 학습이 좋지 않은 결과를 내었던 사례들이다.

교육을 뜻하는 에듀케이션(education)은 고대 라틴어 'educare'에서 유래한다. 이는 '밖으로 꺼내다'라는 의미이다. 이미 아이 안에 무한한 능력이 있음을 믿으면 어떨까? 어떻게 그것을 밖으로 꺼내줄 것인가를 더욱 고민하면 좋겠다. 자발적으로 학습하는 기쁨을 아는 아이들은 성공할 수밖에 없다. 엄마가 불안해하면 아이도 불안하다. 불안함을 느끼는 아이들은 자신에 대한 믿음이 흔들린다. 자신에 대한 믿음과 긍정적인 이미지가 있는 아이가 자신의 능력을 충분히 발휘할 수 있음은 물론이다. 다른 사람과의 관계에서도 마찬가지이다.

성경 「요한 일서」 4장 18절에는 다음과 같은 구절이 있다.

"사랑에는 두려움이 없습니다. 완전한 사랑은 두려움을 내쫓습니다."

우리가 온전히 아이를 믿고 사랑하면 두려움과 불안으로 아이를 교육하지 않을 것이다. 엄마의 불안과 욕심이 아닌 아이에 대한 진정한 사랑인지 점검해보면 좋겠다.

진정한 사랑에는 두려움이 없다.

너무나 힘든 육아,
오늘도 지친 하루

잠과의 사투

결혼 전 나에겐 참 부러운 장면이 있었다. 바로 엄마들이 한낮에 유모차에 아이를 태우고 유유자적 걸어가는 모습이었다. 그때는 내가 한창 사회생활을 하며 이리 뛰고 저리 뛰고, 여기서 치이고 저기서 치이던 때라 그랬나 보다. 그런데 아이를 낳아보니 세상에! 결코 그것은 유유자적한 장면이 아니었다.

은율이를 낳고 엄마로서 가장 힘든 것은 잠과의 사투였다. 나는 잠이 별로 없는 편이고 낮잠 같은 것은 거의 자본 적이 없다. 대학교 4학년 때는 수업을 마치고 오후 네 시부터 밤 열한 시까지 학원에서 매일 중고등학생들을 가르쳤다. 집에 와서 꼬박 밤을 새워 리포트를 쓰고 한숨도 자지 않은 채 학교로 가서 수업을 들었다. 그 상태로 학교 수업을 마치고 또다시 학원을 출근하면 거의 제정신이 아닌 날도 많았다. 영어 듣기평가 문제가 나가는 30초 정도 동안 나도 모르게 눈이 감기며 꿈을 꾸기도 했다. 칠판 앞에 서서 졸은 적도 있다. 그때 계산해보니 나는 하루에 네 시간이 아닌 이틀에 네다섯 시간씩 자는 삶을 살고 있었다. 복수전공을 위해 학점을 더 듣다 보니 마지막 학기는 공부 양도 많았다. 땅이 꺼질 것처럼 나를 잡아당기는 몸을 일으켜 학교로 가던 날도 많았다.

▶ 자기 싫어 버티다가 책을 읽어주는 사이 앉아서 잠들던 은율이. 네 살

그만큼 나는 잠에 관한 한 자신이 있었다. '안 되면 잠 안 자고 하면 된다.'라는 깡이 있었다. 그런데 아이를 낳고 키우면서 나는 잠을 못 자는 삶에 완전 두 손 두 발 다 들게 되었다. 결혼 전에는 이틀에 네 시간씩 자고도 버텼는데, 아이를 키우면서는 그보다 몇 배나 힘들었다.

가장 큰 이유는 수면시간을 내 맘대로 컨트롤하지 못 한다는 데 있었다. 밤새워 공부하며 버티다가 짧은 시간이라도 내가 정한 시간에 잘 수 있는 것과 달리 아이가 원하는 시간에 무조건 일어나야 하는 패턴은 내게 차원이 다른 고통을 안겨 주었다.

은율이는 잠을 정말 자지 않으려는 아이였다. 그러던 어느 날 호기심이 많고 영재성이 있는 아이들이 잠이 별로 없다는 것을 책에서 읽게 되었다. 그 사실을 안 이후로 더더욱 억지로 아이를 재울 수가 없었다. 지금 이 책을 읽는 엄마들 중에 "어? 우리 애도 꼭 밤에 책 읽어달라고 하는데? 밤에 꼭 덜 놀았다고 하는데?" 하는 분들이 많을 것이다. 내 친구도 아이에게 "너 자기 싫어서 책 읽어달라는 거지!"라는 말을 종종 한다고 한다.

모든 아이는 날 때부터 호기심이 충만하며 똑똑해서 잠을 자기 싫어한다고 생각한다. 그래서 그것이 좌절되기보다 충족될수록 더더욱 앎에 대한 욕구가 강해진다. 이야기가 좀 옆으로 새는 것 같지만, 밤에 책을 읽어달라고 하는 것은 매우 건강한 욕구이고 한동안은 힘들지만, 그 시간을 엄마가 꼭 선물해주었으면 한다.

어릴 때는 두 시간마다 배가 고파서 우니까 일어나야 했고 조금 커서는 밤새워 책을 읽어달라고 해서 늘 수면 부족에 시달렸다. 밤새워 불을 켜줘야 하니 남편이 자는 안방에서 읽어주지 못하고 늘 거실에서 읽어주었다. 새벽 추위에 눈을 떠보면 잠든 나와 은율이 옆에 수많은 책이 널브러져 있었다. 출근 준비하러 나온 남편이 거실에서 자고있는 나를 깨우고 은율이를 안고 방으로 들어가는 날도 많았다.

▶ 은율이가 가장 좋아하는 취침 전 책읽기 시간. 세 살

그러나 다시 돌아간다 해도…

다시 그 시간으로 돌아가면 어떻게 할 거냐는 질문을 받는다면 나는 더 자주 더 많은 책을 밤새워 책을 읽어줄 거라고 대답할 것이다. 지금 생각해보면 불필요했던 데 썼던 시간과 에너지를 책을 읽어주는 데 더 쓰고 싶다.

그렇게 똑같이 잠이 들었는데도 은율이는 늘 먼저 이른 아침에 땡! 하며 눈을 떴다. "엄마~ 나가자~ 거실에 나가자~"며 졸랐다. 그럼 그때부터 또 잠을 못 자는 하루가 시작되는 것이다. 재미있는 게 없나, 호기심을 채울 게 없나 하는 무한 체력 아이를 내 저질 체력으로는 감당하기 힘들었다. 남편에게 아름다운 모습을 보이고 싶건만 오늘도 부스스한 나. 놀이터에서 실컷 놀고도 덜 놀았다고 하는 너. 백 번을 달렸는데 또 "나 잡아봐! 엄마!" 하는 너.

아이들의 앎의 욕구와 무한 체력 때문에 애초부터 이길 수 없는 게임이었던 것이다.

그때쯤 친정 언니가 휴직을 하면서 나를 많이 도와주었다. 나는 친정이 지방이라 늘 친정이 가까운 친구들이 부러웠다. 너무 졸리고 힘들 때 잠시 친정에 가서 눈을 붙이고 오거나 저녁 한 끼를 친정에 가서 해결하고 오는 그 모습이 너무나 부러웠다.

아이가 어릴 때 참 야속했던 말이 있다. 바로 "낮에 아이 잘 때 같이 자라"는 말이었다. 심지어 책에도 그런 말이 있었다. 애 잘 때 청소도 해야 하고 애 일어나면 먹을 것도 만들어야 하고 물티슈 등 이것저것 주문할 것도 많은데 속도 모르는 소리 한다고 생각했다. 그런데 은율이가 다섯 살이 된 지금 생각해보니 그 때 다 잘 해내고 싶은 마음을 조금 내려놓았더라면 어땠을까 하는 생각이 든다. 내가 청소해야 하고, 반찬을 만들어야 하고, 아이 물건도 내가 주문해야 한다고 생각했다. 친정도 먼 데다 살림 재주도 없었던 내가 그것을 다 하려니 얼마나 힘이 들었겠는가.

그때 마침 언니가 휴직하면서 정말 많은 도움을 주었다. 언니가 아니었으면 그 시간을 통과하지 못했을 것이다. 운전을 못하는 나를 대신하여 언니는 한낮에 은율이와 나를 데리고 어린이 대공원, 놀이동산, 박물관, 공연장, 바닷가 등 어디든 가주었다. 은율이와 나의 사진을 가장 많이 남겨준 것도 친정 언니이다. 덕분에 허겁지겁 먹던 밥 대신 모처럼 '인간다운' 식사를 하기도 했다.

▶ 친딸처럼 은율이를 예뻐하는 이
모와 놀이동산에서. 네 살

　남편의 퇴근 시간을 재촉하지 않아도 되었다. 눈꺼풀이 내려앉을 정도
로 고단할 때면 잠시 낮잠을 잘 수도 있었다. 아이를 키우는 일은 체력적
으로나 정신적으로나 무척 힘든 일이다. 엄마 혼자서는 감당할 수가 없
다. 뉴질랜드의 가족상담학교에서 육아의 시기와 남자들이 사회에서 가
장 왕성히 활동해야 할 시기가 정확히 맞물리기 때문에 반드시 이모나
고모 또는 할머니 같은 주변의 도움이 필요하다는 이야기를 들었다. 서
양 사람들도 육아기에 친인척의 도움을 받는 것은 우리와 별반 다를 바
없다는 것을 알게 되었다.

　지금은 은율이가 아빠랑 단둘이 나가는 것을 더 좋아하는 나이가 되었

다. "엄마는 쉬고 있어~ 아빠랑 놀다 올게." 하기도 한다. 전에는 나들이를 가도 꼭 엄마와 함께 갔어야만 했는데 말이다. 할머니, 할아버지 집에 가서 하루 종일 놀다 오기도 한다. 미술을 전공한 고모랑 그리기와 만들기를 하고 할아버지 할머니와 둘레길 산책을 한다. 그러면 나는 부족했던 잠을 몰아서 자기도 하고 미루어둔 집안일을 하기도 한다. 늘 사랑으로 은율이를 보살펴준 고모와 이모, 그리고 아버님, 어머님께 진심으로 감사드린다.

너무도 힘든 시간, 하지만 지나면 또 그리울 시간.

사랑할수록 독립적인
아이로 키워라

청담동 J양 어머니의 지나친 자식 걱정

지방에서 서울로 유학을 온 나는 영어 과외를 하며 만만찮은 서울 생활비를 충당했다. 낮에는 학생으로 밤에는 영어 강사로서 학원에서도 많은 아이를 가르쳤다. 참 다양한 학생들을 만났다. 발등에 불 떨어진 예체능계 학생, 영어와 담쌓고 지내다 수능 직전 영어에 도전하는 이과 학생, 1등급을 유지하기 위해 과외를 받는 학생 등. 그렇게 다양한 학생만큼이나 다양한 엄마들을 만났다.

매번 정성스러운 간식에 고마움을 표하는 엄마들도 있었지만, 나를 참 곤란하게 하는 엄마들도 있었다. 그 중 청담동 중학생 J양의 엄마가 기억에 남는다. 첫 만남, 내가 앉기도 전에 엄마의 하소연이 시작되었다. "김해 중학교에서는 영어성적이 전교권이었거든요. 근데 서울 와서는 성적이 바닥이에요." 시험이 코앞이라 당장 그 학생을 전담하여 가르쳤다.

따르릉~. 아침 일찍 전화벨이 울렸다. 전날 밤늦게 과외를 마치고 온 터라 단잠을 자고 있었다. "선생님, 저 J 엄마예요! 이번에 영어 90점이 넘었어요! 정말 정말 감사해요~!" 며칠 후 그 어머니는 영어 작문 숙제가 있다며 도와달라고 했다. 주제는 '엄마'였다. 나는 일단 한국어로 J양에게 엄마에 대해 이것저것 생각해보자고 했다. 엄마가 좋아하시는 음식 같은 기본적인 소재거리를 찾아보자는 이야기였는데, 당황스럽게도 학생은 아무 말도 하지 못했다.

다음 날 지하철 2호선. 또 J양 엄마의 전화였다. "아니, 선생님! 왜 우리 아이 스트레스를 주세요? 여기 아이들은 원어민 선생님이 숙제를 다 해준단 말이에요!" 지하철의 굉음을 뚫고도 쩌렁쩌렁 울리는 엄마 목소리에 나는 그만 질리고 말았다. 나는 그 학생을 더는 지도하고 싶지 않았다. 아니 그 엄마를 지도하고 싶지 않았다고 해야 맞는 표현일 것이다.

J양 엄마와 같은 부모들이 나를 힘들게 한 것은 맞지만 그런 분들 때

문에 나는 육아에 관한 철칙을 세울 수 있었다. 13년간 과외를 하며 수만 번도 더 다짐했다. 내 아이는 무슨 일이 있어도 독립적인 인간으로 키우리라. 독립심이 강한 아이들은 공부도 잘한다. 야무지다. 이것은 13년에 걸친 나의 임상경험으로 증명된 바다.

▶ 우는 모습도 예쁜 네 살.
촬영시간이 길어지자 보채던 은율이

아이의 감정에는 '낄끼' 행동에는 '빠빠'하자

과외 에피소드에 가슴 답답함을 느꼈을 것 같다. 그렇다면 이번에는 가슴이 좀 시원해지는 이야기를 해볼까 한다. 뉴질랜드의 가족상담학교의 학생은 총 17명이었다. 그들은 독일, 싱가포르, 뉴질랜드, 호주, 미국,

그리고 스위스 등 세계 각국에서 온 여덟 쌍의 부부들이었다. 눈치 챘겠지만 나만 싱글이었다. 그 중 드보라네 이야기를 해보려 한다.

나는 드보라 가족의 아이들을 무척 귀여워했다. 드보라 부부는 나에게 아이를 맡기고 외출할 정도로 나와 친하게 지냈다. 세 살 여자아이 타미라와 여섯 살 남자아이 티몬. 이 이야기의 꼬마 주인공들이다. 식사 시간이면 모든 가족들이 원형 식탁 하나씩을 차지하고 식사를 했다. 난 싱글이라 때마다 다른 가족과 식사를 했는데 주로 드보라 가족과 먹었다.

어느 날 점심으로 샌드위치가 나왔다. 7년 전의 일인데도 입 주변에 소스를 가득 묻히며 혼자 우적우적 먹던 타미라의 귀여운 얼굴이 생생하다. 그리고 그 옆에서 아이가 스스로 식사하도록 내버려 두고 본인들의 대화에 열중하는 젊은 독일인 부부의 모습도 눈에 선하다. 한 번은 집에 놀러 갔더니 티몬이 방에서 나오지 않는 것이었다. 독일의 꼬마 왕자님이 뭘 하나 궁금해 들어가 보니 바닥에 옷을 잔뜩 꺼내두고 혼자서 이 옷 저 옷을 걸쳐 입고 있느라 바빴다. 티몬은 본인의 코디에 만족한 듯 방문을 열고 나왔다. 그 아이를 보며 드보라와 나, 우리 둘은 국경을 넘어 미소 짓고 말았다.

티몬은 후줄근한 티셔츠에 엉성한 차림이었다. "쟤는 항상 저 낡은 옷을 입어. 멀쩡한 옷도 많은데⋯ 나는 저 옷 입는 게 싫거든. 모자도 그렇고."라며 드보라는 나에게만 들리도록 속삭였다. 그러나 절대로 아이에게 옷에 대한 말을 꺼내지 않았다. 엄마 스스로 내키지 않더라도 아이의 선택과 개성을 존중하는 드보라의 양육 태도가 인상적이었다. 내 기억 속 두 아이는 참 당당하고 밝았다. 두 부부의 양육 태도가 아이의 독립심과 책임감에 좋은 영향을 주었음이 틀림없다. 열 살, 열세 살의 팀탐(아빠는 아이들을 그렇게 불렀다) 남매가 어떻게 자랐을지 궁금하다.

▶ 밀대로 빵 반죽하기를 좋아하던 은율이. 서툴더라도 혼자 할 수 있는 기회를 많이 주었다. 46개월

아이를 키우면서 깨우친 것이 있다. 독립적인 아이로 자라게 하려면 소위 '낄끼빠빠'를 잘해야 한다는 사실이다. '낄끼빠빠'는 낄 데 끼고 빠질

때 빠진다는 신조어이다. 나의 원칙은 '행동적인 면에서는 빠빠, 감정적인 면에서는 낄끼' 하는 것이다. 한 번은 19개월 은율이가 울면서 방에서 나온 적이 있다. 다리 하나는 한쪽 바지 다리에 들어가 있고 다른 하나는 빠져나와 있었다. 울며불며 엉덩이를 씰룩이면서 끝까지 바지를 입는 딸이 대견해 꼭 안아주었다.

유모차 버클을 혼자 꽂겠다며 내 손을 홱! 뿌리치던 날을 기억한다. 카시트에 태우고 나서 버클을 채워주려고 다가가니 이미 단단히 버클이 채워져 있어 깜짝 놀란 순간도 있다. 풀기만 할 줄 알던 단추를 정확히 채우던 36개월의 어느 날. 손을 벌벌 떨면서도 혼자 물감을 짜던 23개월의 은율이. 엄마가 밀어주는 그네는 시시하다며 혼자 그네에 풀쩍 튀어 올라 스릴만점의 그네타기를 좋아하게 된 네 살의 은율이. 은율이를 키우며 가장 기쁜 순간들을 꼽으라면 위와 같은 순간들이다.

하지만, 여전히 '낄끼' 해야 하는 순간들은 많다. 바로 아이의 감정을 살피는 일이다. 나는 딸의 감정들을 세심히 살피는데 부지런한 엄마이다. 엄마가 가장 잘할 수 있는 일이며, 시간이 지나면 돌이킬 수 없는 부분이기 때문이다. 옷이 진창이 되어도, 배수관 고드름이 신기하다며 입에 가져다 대어보아도, 아주 어려서부터 혼자서 가위질을 해도 편한 마음으로 바라보는 편이었다. 하지만 감정에 대해서만큼은 그렇지 않다.

아이의 말을 경청하고 공감하는데 많은 에너지를 쓴다. 그것은 자존감과 직결되고 자존감은 자신감을 갖게 하기 때문이다. 이는 양육의 최종목표 인 엄마로부터의 독립에 이르게 한다.

사실 아이의 감정을 살피는 일은 육아에서 가장 힘든 부분이었다. 올라 오는 감정을 꾹꾹 억눌러야 하는 것은 도를 닦는 일과 같았다. '이리 내! 엄 마가 그냥 할게. 시간 없단 말이야, 쫌!'이라며 아이를 제압하고 싶은 유혹 이 올 때가 많았다. 아니, 그렇게 한 적도 많다. 남편 퇴근 시간이 다가오는 데 굳이 아빠 먹을 쌀을 직접 씻어야겠다는 딸을 기다릴 때의 마음이란…

엄마가 먼저 소신 있게, 독립적으로

감정을 세심하게 살피되 행동 발달 면에서는 독립적으로 키운 나의 방 법이 맞다는 확신이 서서히 들어가던 즈음의 일이었다. 기관에 가지 않 고 가정 보육으로 크던 네 살 은율이는 토요일 오전에 아빠와 단둘이 문 화센터를 다녔다. 거기서 남편이 영상을 하나 찍어왔다. 고만고만한 꼬 마들이 미술 놀이에 앞서 퀴즈를 푸는 시간이었다. 펭귄은 날 수 있을까 요? 라는 선생님의 물음에 자신감 넘치는 딸아이의 대답이 핸드폰 스피 커 너머로 들렸다. 인형을 한 손에 안고 연이은 퀴즈에 매번 또랑또랑한 목소리로 대답하는 딸의 뒷모습. 그러다 갑자기 저만치 멀리 있는 아빠를 뒤돌아보며 씩 웃어 보인다. '아빠 나 잘하지?'라는 미소 같다. 집에 와서 "엄마, 한 문제를 못 맞혔어. 담에는 꼭 맞힐 거야!" 한다. 그날 나는 영상 속 아이에게서 두 가지를 확인했다. 많은 육아서에서 그토록 강조하는 것들이었다. 바로 독립심의 싹은 자신감이며 그러한 자신감의 원천은 자신을 지지해주는 부모라는 사실 말이다.

"그렇게 키우면 힘들지 않냐."라는 주변 사람들의 말에도 흔들리지 않았다. "어린이집을 보내야지 사회생활에 자신감이 생기지."라는 말에도 아이가 준비될 때를 기다렸다. 문화센터에서 보인 은율이의 반응을 확인하면서 아이에 대한 흔들리지 않는 믿음과 그 길에 대한 내 소신이 보상받는 듯한 느낌이었다. 아이가 독립적인 사람으로 커 주길 바란다면 엄마가 먼저 독립적이어야 한다. 남들 다 한다고 우르르 따라가서는 안 된다. 아이는 엄마의 뒷모습을 보며 큰다. 아이를 진정으로 사랑한다면 반드시 어려서부터 독립심을 키워주길 바란다. 사랑이라는 미명 아래 지나친 돌봄은 내 아이를 영원히 날 줄 모르는 아기 새로 머물게 할 뿐이다. 아기 새는 귀엽다. 하지만, 언제나 포식자들의 공격에 노출되어 있다. 사랑한다면 나는 법을 가르쳐야 한다. 떨어지고 실수하게 해야 한다.

경찰이 꿈인 다섯 살 은율이가 가장 좋아하는 영화 〈주토피아〉 주제가의 한 부분으로 글을 마치려고 한다. 작은 토끼이지만 당당히 동물의 세계에서 경찰로서 활약하는 주디가 영화의 주인공이다. 주디 경관은 실수도 하고 좌절도 겪지만 끝내 포기하지 않고 당당히 정의를 이루는 데 공헌한다.

"Birds don't just fly. They fall down and get up. Nobody learns without getting it wrong. I won't give up, no I won't give in."

새들은 그냥 나는 게 아니야. 떨어지고 다시 일어나는 거야. 누구도 실패하지 않고 배울 순 없어. 난 포기하지 않아. 아니 포기 안 해.

귀엽기만 한 아기 새가 아닌 자유롭고 행복한 새가 되어 날아오르게 하자.

▶ 경찰이 꿈인 은율이. 다섯 살

모든 부모가 원하는 것은
아이의 행복이다

"문자 왔숑!" 늦은 나이에 아이를 낳고 육아로 좌충우돌하던 어느 날 친한 동생 S에게 문자가 왔다. 나보다 어리지만, 육아로는 훨씬 선배인 그녀다. 동생 부부가 아이들을 얼마나 자유롭고 씩씩하게 키우는지, 결혼 전부터 나는 아이를 낳으면 저렇게 키워야겠다는 생각을 종종 하곤 했다. "언니는 정말 좋은 엄마야. 지혜로운 엄마야. 언니는 잘하고 있어." 나는 전화기 화면을 한참 동안 바라보았다. 지금도 그 문자를 생각하니 눈물이 핑 돈다.

나는 사람을 행복하게 해 주는 첫 번째 요소로 진심 어린 칭찬과 격려를 꼽고 싶다. 나는 당시 더 할 수 없을 정도로 아이를 위해 최선을 다하고 있었다. 육아와 살림을 해본 사람은 알겠지만, 그 둘은 결코 완전함에 다다를 수 없는 프로젝트이다. 애초부터 완벽할 수 없는 과제인 두 개의 바윗덩이를, 완벽주의라는 몹쓸 성향을 가진 나는 시지프스가 되어 힘겹게 밀어 올리고 있었던 것이다. 눈시울이 붉어졌다.

우리는 나를 잘 아는 누군가로부터 진심 어린 인정과 칭찬을 받을 때 살맛이 나고 행복감을 느낀다. 그 사람이 좋아진다. 나는 그런 힘이 솟게 하는 문자를 캡처까지 해둘 때도 있다. 특히 남편의 격려 메시지는 꼭 저장해둔다. 아이 키우느라 고생한다는 말은 다른 누군가로부터도 여러 번 들었으리라. 그런데 S의 문자가 유독 기억에 남는 이유는 성취가 아닌 나자체에 대한 인정이었기 때문이다. 애쓰고 있는 나의 노력을 격려해주었기 때문이다.

칭찬은 고래뿐만 아니라 우리 아이도 춤추게 한다

아이들도 우리와 똑같으리라 생각한다. 아니, 아이들은 우리가 상상하는 것 이상으로 훨씬 더 칭찬과 격려가 필요하다. 아이들은 날마다 엄청난 과업들을 이루어간다. "여보! 우리 딸이 잡아주지 않았는데 혼자 그네를 탔어요!", "여보! 우리 아들이 오늘 혼자 젓가락질을 했어요!" 하는 말을 퇴근한 남편이 오자마자 해본 경험이 있을 것이다. 이렇게 아이들은 지구별에 와서 날마다 새로운 임무를 성실히 행하는 존재들이다.

오늘 은율이가 나에게 달려오며 소리쳤다. "엄마! 이것 좀 봐! 나 별 그렸어!" 보름 전쯤 이모에게서 별 그리기를 배운 은율이는 날마다 "이렇게? 이렇게 맞아?" 물어보며 비뚤비뚤 연습했다. 그러더니 오늘은 제법 모양이 잘 잡힌 별을 그렸다. 기특했다. 엄마 된 특권으로 맘껏 칭찬해주었다. 네 살 때 한번은 "엄마, 이거 어떻게 묶어?" 하면서 리본 끈을 가지고 왔다. 여러 번 가르쳐주었는데 성공할 때 보다는 실패할 때가 훨씬 더 많았다. 그러나 아이는 절대 포기하지 않았다. 구석에 쪼그리고 앉아있어 가보면 무슨 대단한 발명이라도 하듯 끈을 가지고 씨름하고 있었다. 어느 날 문득 보니 식탁 의자 다리에 끈이 하나 묶여 있었다. "은율아, 이거 네가 했어?" "응!" 결국 능숙하게 여러 번 매듭을 짓게 되고 요즘은 리본 묶기에 도전 중이다.

어느 날 유희열 씨가 진행하는 예능프로 〈알쓸신잡〉을 중간쯤부터 보았다. '어린 시절 행복의 기억'이 그날 주제인 듯 했다. 건축가 유현준 씨가 자신이 건축가가 된 계기인 행복한 추억을 이야기해주었다. 그의 이야기를 들으면 칭찬의 위력에 소름이 돋으며 칭찬의 기준이 확 달라질 것이다.

"모나미 볼펜 뒤에 형이 가지고 놀다 부서진 황금박쥐 발을 본드로 꽂아서 로켓이라며 갖고 놀았어요. 그 아무것도 아닌 것을 엄마가 너무 칭찬해주는 거예요. 야! 어떻게 이런 생각을 했냐 하시면서요. 자신감이 붙어서 그다음부터는 설명서대로 조립하지 않고 부서진 것을 가지고 새로운 것을 만들어서 놀았어요. 그것이 건축가가 된 계기예요. 정확히 그날 밤이 생각나요. 형광등 불빛 등 모든 것이 생생히 생각나요."

내 아이의 성취가 유현준 씨나 스티브 잡스의 그것보다 못해 보일 이유가 있는가? 누가 시키지도 않았는데 발전하고 터득하고자 애쓰는, 삶에 대한 진지함이 얼마나 갸륵하고 기특한가 말이다. 유심히 살펴보다가 센스 있고 지혜롭게 격려해주자. 조그마한 손가락으로 단추를 끼운 후 뿌듯해하는 그 눈빛을 놓치지 말자. 최악의 멘트는 "어머 단추가 한 칸씩 밀렸네." 따위들이다. 엄마가 세운 조건에 맞을 때만 듣는 칭찬은 아이를 평생 남의 기대에 맞추며 살게 한다.

예쁜 옷, 누구를 위한 걸까

맘카페에 한 번은 이런 글을 올려보았다. "아이 행복하라고 해준 일인데 지금에서 생각하니 후회되는 일이 있나요?" 얼마 지나지 않아 댓글이 쭉 달렸다. 그중 1, 2, 3위를 소개하겠다. 1위, 예쁘지만 불편한 옷을 입혀서 문화센터 등에 데리고 다닌 것. 2위, '책을 사주면 좋았을 텐데 비싼 옷이나 장난감을 사준 것. 3위, 억지로 친구를 만들어주려고 힘들어하는 아이를 데리고 다닌 것.

댓글을 읽으며 나도 22개월의 은율이를 아기띠로 매고 남대문 아동복 가게에 간 일이 떠올랐다. 돌 무렵까지는 내복으로 충분했는데 점점 귀여워지는 딸을 보며 옷 욕심이 났다. 사람도 많고 날씨도 추웠다. 아이를 앞에 매고 옷 봉지를 들고 돌아오는 길은 무척 힘들었다. 아마 아이도 힘들었을 것이다. 배도 고팠다. 돌아오는 길에 만두를 사 먹으며 '그냥 따뜻한 집에서 애 좋아하는 동화책이나 읽어줄걸.' 하는 생각이 절로 들었다.

▶ 혼자 달려보겠다며 손잡이를 놓아달라고 했다. 37개월

놀이 계획을 머리에서 지우고 일상에서 행복 찾기

이로써 행복을 위한 두 번째 요소로 강조하고 또 강조하고 싶은 것이 일상의 사소한 기쁨을 누리는 것이다. 나의 부끄러운 경험 하나를 더 고백하고자 한다. 36개월 골든타임, 72개월 골든타임 같은 것을 알게 되면서 오감 자극이니 두뇌 자극이니 하는 것에 눈을 뜨게 되었다. 아이가 재미있게 놀았으면 해서 무리해 놀이 준비를 했다. 그러다가 하루하루 피로가 쌓여갔다. 마침내 임계점에 다다랐을 때 죄 없는 영혼에게 화산이 폭발하듯 화를 낸 적이 있다. 이대로는 안 되겠다 싶어 머릿속의 놀이 계획을 다 지워버렸다. 그즈음 우리는 경기도 별내동에서 살다가 남편의 직장 때문에 서울의 서쪽으로 이사를 했다.

자전거에 아이를 태우고 따스한 봄바람을 느끼며 이사 온 아파트 구석구석을 돌아보았다. 포크레인 하나가 앞의 꼭지들을 바꾸며 작업을 하고 있었다. 자전거를 세우고 국자같이 되었다가 포크같이 되었다가 변신하는 모습을 신기하게 바라보는 아이. 그 옆에 나는 무릎을 굽혀 앉았다. 아이의 시선이 되어 이런저런 이야기를 나눴다. 아이는 만족스러운 표정으로 재잘거렸다. 남대문 시장에서 돌아올 때의 씁쓸한 패배감이 아닌 뿌듯함이 차올랐다.

그 뒤로 나는 계속 이런 연습을 해나갔다. 내 기준에서의 재미의 틀, 교육의 틀을 비워갔다. 하루는 이런 적도 있었다. 우리 아파트는 공항이랑 무척 가까운데 언젠가 비행기 격납고가 보이는 동이 있다는 얘기를 들은 적이 있었다. "우리 비행기 보러 갈래?" 언제나처럼 신이 나 따라나서는 딸. 마트에 들러 맛있는 간식을 하나 사서 우리 둘은 그 동으로 갔다. 복도 창문으로 비행기가 얼핏 보이는 듯했다.

하지만 창문이 너무 높아 아이에게는 잘 보이지 않았다. 먼지 쌓인 책상이 하나 눈에 띄길래 낑낑대며 가져와 은율이를 그 위에 올려주니 손뼉을 치고 좋아한다. 이 상황이 너무나 우습고도 재미있었다. 평소 잘 볼 수 없는 비행기를 그날 실컷 보았다. 이륙하는 것도 보았다. 어디로 가는 비행기일까? 아이가 가장 좋아하는 상상 놀이로 이어졌다.

자신이 언제 행복한지를 아는 아이는 남들의 행복 기준에 휘둘리는 착한 기성품 같은 삶을 살지 않는다. 내면의 소리를 따라갈 줄 안다. 앞서 말한 예능프로의 출연자 중 한명인 유시민 작가가 했던 말은 아이와의 일상을 어떻게 채워나가야 할지에 대한 밑그림을 그려준다.

"자잘한 행복의 기억이 많은 사람일수록 어른이 되고 나서 작은 일에 쉽게 행복해진다고 해요."

언제 가장 행복한지 아이에게 물어보자. 아이들은 학습된 행복이나 비교우위의 행복을 모르기에 자신이 무엇을 좋아하는지 명확하게 알고 있다. 아이들 카페가 있다면 물어보고 싶다. 아마 엄마와 함께 가는 놀이터, 아빠와 함께 하는 몸 놀이가 1, 2위를 차지하지 않을까? 문득 궁금해서 글을 쓰다 말고 방금 다섯 살 딸에게 물어보았다.

"은율아, 엄마가 어떻게 해줄 때 제일 행복해?" "엄마가 꼭 껴안아 줄 때." "왜 그게 좋아?" "따뜻해서." 역시나 망설임이 없다. "근데 왜 갑자기 물어봐?"

'왜 갑자기'라는 표현을 쓰는 것을 보니 나도 잘 묻지 않는 엄마인가보다. 나도 무엇이 행복감을 주냐는 질문을 받으면 따뜻함을 주는 그 무엇이라고 대답할 것 같다. 책을 잠시 덮고 당신 옆의 천사에게 물어보자. 그리고 그것을 해주자. 평생 작은 일에서도 행복감을 느끼는 명품으로 클 수 있다.

평생 행복감을 느끼는 아이로 커가게 하려면 옷이 아닌 사소한 행복을 선물하자.

06

선택권을 주고
스스로 절제하게 하라

자기조절의 면에서 세상에는 두 종류의 사람이 있다. 하나는 자신의 흥미를 끄는 일에 몰두해 있다가도 어느 시점에서 이를 스스로 제어할 줄 아는 사람, 또 다른 이는 중독에 빠져 외부적 강압에 의하지 않고서는 헤어나지 못하는 사람이다. 아이들도 예외는 아니다.

내 주변에 아들을 둔 엄마들은 대부분 게임 중독 문제로 속을 끓인다. 초등학생 학부형만의 일이 아니다. 20대 자녀를 둔 엄마들의 고민이기도 하다. 아이를 키우며 나 역시 늘 이런 절제의 문제로 고민해왔다. 엄마로서 참 난처할 때가 있다. 아이가 밥을 막 먹으려고 하는데 남편이 "짜잔~." 하며 퇴근길에 달콤한 아이스크림을 사서 집으로 오는 그런 상황 말이다. 가족들 생각해서 사 왔는데 불편한 기색을 드러내서 분위기를 이상하게 만들 수도 없는 노릇이다. 특히 자기가 좋아하는 딸기 맛 아이스크림 앞에서 아이가 저렇게 좋아서 폴짝폴짝 뛰는데 말이다. 몇 초간 머릿속이 복잡하다. "안 돼!"라고 하면 물론 간단하게 상황은 해결된다. 하지만 그런 임시방편은 어릴 때나 통하지 커가면서는 먹히지 않을 것이다. 눈앞의 단 것에 이미 마음이 가 있는 아이가 밥을 먹는 둥 마는 둥 할 것도 뻔하다.

그래서 어느 날 나는, 아이에게 그냥 선택권을 줘 보자고 생각했다. "은율아, 정말 저 아이스크림이 밥 먹기 전에 먹고 싶어?" "응." 하나 마나 한 질문을 하고 예상한 답을 들었다. "그래, 그럼 아이스크림 먹고도 밥 먹을 수 있겠어?" "응!" 대답 한 번 우렁차다. "아이스크림을 먹으면 입안이 달달해져서 밥맛이 없을 수 있어. 또 배가 불러서 밥맛이 없을 수도 있겠지. 그래도 일단 먹기로 했으니까 밥을 먹어야 해. 알겠지?" "응!"

그때 은율이가 네 살이었다. 아이스크림을 먹고 나서 나는 은율이가 이런저런 핑계로 밥을 먹지 않을 줄 알았다. 아직 어려서 자기조절을 하지 못 할 거라 생각한 것이다. 그런데 은율이는 그날 멸치 등 자신이 좋아하는 반찬과 함께 밥을 아주 잘 먹었다. 남편과 나도 아이스크림을 디저트로 먹으며 즐거운 시간을 보냈음은 물론이다.

물론 단것을 먼저 먹으면 밥을 적게 먹는 경우도 있었다. 하지만 아직도 내 원칙은 변하지 않았다. 먼저 아이에게 물어보고 약속을 한 후 일단 믿고 기다려준다. 그래서인지 다섯 살이 된 지금은 훨씬 수월해졌다. 심지어 단것이 있어도 밥을 먼저 먹는 경우도 많다. 요즘 아이들은 너무나 맛있는 것을 쉽게 접한다. 그래서 언제까지나 엄마의 잔소리로는 아이를 지킬 수 없다.

언제까지 따라다니며 하지 말라고 할 수 있을까

은율이를 낳고 처음 살았던 곳이 남양주시 별내동이었다. 그때 우리 집 바로 코앞이 초등학교였고 바로 옆에 편의점이 있었다. 낮이면 늘 그 편의점은 아이들로 가득 찼다. 특히 야외에 있는 나무 의자에는 초등학생들로 와글와글했다. 대부분 컵라면을 먹고 있었다. '엄마들이 분명히 싫어할 텐데', '우리 애도 나중에 학교에 들어가면 저럴까'라는 생각이 들었다.

나는 친구들 사이에서도 몸에 안 좋은 것을 먹지 않기로 유명하다. 커피, 탄산음료, 라면, 피자 등을 거의 먹지 않는 나를 친구들은 유별나게 여기기도 한다.

친구 중에 엄마 잔소리를 많이 듣고 큰 친구가 있다. 하루는 그 친구에게 "엄마가 그렇게 잔소리를 하시니까 몸에 나쁜 것은 거의 안 먹고 컸 겠네?" 하니까 박장대소하며 이런 대답을 했다. "안 먹긴! 엄마가 라면을 하도 못 먹게 해서 학교 다닐 때 밖에서 친구들이랑 엄청나게 먹었지!" 20대가 되어서도 라면만 보면 먹고 싶더라는 이야기를 했다.

▶ 숙소에서 친해진 언니와 물놀이 후 옥수수 간식 타임. 제주도 한 달 살이. 다섯 살

나는 무턱대고 금지하거나 제지하는 대신 이유를 설명하기로 했다. "엄마는 너를 사랑해. 그래서 지금은 아이스크림을 줄 수가 없어. 은율이 가 미워서가 아니야. 은율이가 단것을 너무 많이 먹으면 몸이 약해질 수 있어서 그래." 라고 말해주었다. 불필요한 잔소리가 훨씬 줄어들었고 나 도 진심을 전달할 수 있어서 마음이 더 편했다.

아이를 인격체로 대하며 믿어주자

엄마를 따라나선 마트에서 과자를 살 기회가 생기면 은율이는 무척 신나한다. 알록달록 환상적인 포장지 앞에서 무엇을 고를까 행복한 고민에 빠진다. 동시에 늦게 고르면 엄마가 혹시 시간이 없다고 먼저 가버릴까 걱정되는지 초조해하는 기운도 느껴진다. 그럴 때 나는 은율이에게 또박또박 이야기해준다. "은율아, 천천히 골라도 돼. 엄마가 기다릴 거야. 그러니까 덥석 아무거나 집지 말고 원하는 걸 골라."

그러고 나면 난 항상 재미있고 신기한 경험을 한다. 은율이는 과자를 딱 하나만 고르는 것이다. 나 같으면 여러 개를 사서 두고두고 먹을 텐데 말이다. 과자를 매일같이 사주는 엄마도 아닌데 더 고르라고 해도 "아니 이게 제일 좋아! 이거면 됐어." 한다. 그런 은율이를 보면 자기가 원하는 것을 고르고 거기에 만족하는 마음이 부럽다. 그래서인지 과자를 사달라고 칭얼대거나 마트에서 떼를 부리는 일도 거의 없다. 사실 은율이의 욕구가 고집으로 가기 전에 과자 앞에서 서성이거나 뭔가를 사고 싶어 하는 눈치면 말할 수 있게 멍석을 깔아줄 때도 많다. 그리고 천천히 원하는 선택을 하라고 항상 이야기해준다. 아이를 미운 네 살이라고 말하기 전에 아이의 감정과 선택을 무시하진 않았는지 생각해보면 어떨까. 아이와 나는 완전히 다른 인격체임을 기억하면 좋겠다.

지금은 아이스크림이냐 밥이냐의 문제지만 아이가 커갈수록 그 대상은 달라질 것이다. 스마트폰이나 이성 교제가 될 수 있다. 그리고 성인이 되면 쇼핑, 주식 등으로 그 모양이 계속해서 달라질 것이다. 지금 아이를 인격체로 대하며 선택권을 주느냐 아니냐가 아이의 미래에 지대한 영향을 끼칠 것이다. 내가 딸에게 자주 묻는 말들이 있다. "은율아, DVD 계속 보고 싶어?", "지금 보는 것만 보고 우리 좀 나가서 놀까?"와 같은 것들이다. 그럼 하라는 대로 다 해 주느냐고 생각할 수도 있을 것이다.

그에 대한 나의 답은 '아이를 믿는 것이 먼저다.', '아이에게 물어보는 것이 먼저다'이다. 엄마에게 잔소리를 듣기보다 자신을 어른처럼 대하며 물어봐 주는 엄마로 인해 자존감을 키워가는 아이는 본능적으로 옳은 선택을 하려고 노력할 것이다. 자존감이 높은 아이는 자신을 아끼고 사랑하기에 인생에서 원하는 바를 성취할 수 있다. 잘 살아내고자 하는 힘이 생긴다. 나쁜 길로 빠지지 않는다. 아이의 말을 공감하고 경청하자. 그리고 선택권을 주자. 불안해하지 말고 일단 아이를 믿고 물어보면 어떨까. 나는 아이에게 간식보다 밥을 먼저 먹으라고 하기 전에 잠시 생각해본다. 나는 밥을 먹기 전에 아이스크림을 먹지는 않는가? 나도 그럴 때가 있다. 밥을 먹고 싶지 않을 때도 있다. 나는 아이스크림을 먼저 먹더라도 밥을 먹을 수 있다. 적당히 먹고 밥을 먹을 수 있는 자제력이 있기 때문이다. 아이들도 그럴 수 있다.

여유를 가지고 선택권을 주면 좋겠다. 그래서 엄마가 필요한 것이다. 모든 것은 실패를 통해 배운다. 자제력도 마찬가지다. 아이에게 실패할 수도 있는 선택의 기회를 주면 어떨까. 자신에게 선택할 기회를 준 엄마에게 감사하며 뚜벅뚜벅 삶을 살아갈 것이다. 사실 내가 은율이에게 선택권을 주는 것이 자연스러운 이유는 우리 친정엄마가 나에게 잔소리를 많이 하지 않으셨기 때문이다. 자유롭게 나를 키워주신 친정엄마께 정말 감사함을 느낀다.

두려워하지 말고 아이를 믿고 내면의 힘을 기를 동안 기다려주자.

07

더 많이 놀게 하고
더 많이 안아주라

"아빠 더 놀자~" 거실에 나와 보니 다크서클이 이만큼 내려온 아빠 옆에서 은율이가 아빠를 조르고 있다. 시계를 보니 밤 열두 시다. 아이들은 놀기 위해 태어난 존재임이 틀림없다. 한 번은 정말 온몸을 불사르며 은율이와 놀고 집에 와서 저녁밥을 먹었다. 집에서 또 뭔가 이런저런 놀이를 했던 것 같다. 시간도 늦었고 해서 이만 자자고 했더니 아이가 엉엉 우는 것이다. "덜 놀았어~ 엉엉."

아이들의 체력은 유아기에 최고치에 달한다. 한 시간의 낮잠이면 급속 충전되어 쌩쌩해진다. 그런데 안타깝게도 그 무렵 부모들은 직장과 집안 일로 가장 여유가 없고 피곤한 때를 보낸다. 그래서인지 아이의 무한 체

력에 맞추어 놀아주는 것이 참 힘든 것이 사실이다. 그럴 때마다 나를 정
신 무장시키고 심기일전하게 하는 방법이 두 가지 있다. 다크서클이 내
려온 남편에게도 이런 방법으로 정신승리를 하게 한다.

▶ 아빠와 은율이의 합작품으로 벽
면을 장식한 우리집 거실

첫째는 아이가 커버려서 같이 놀고 싶어도 놀아주지 못하는 시간이 곧
온다는 사실을 상기하는 것이다. 지금 우리 딸은 54개월로 다섯 살이다.
주변 아이들을 보니 초등학교 3학년만 되어도 엄마보다 친구들을 훨씬
좋아하는 것 같다. 그렇다면 은율이가 "엄마, 엄마! 나랑 놀아!" 하는 껌
딱지 시즌이 3년밖에 남지 않은 것이다. "3년이 뭐예요, 학교만 들어가도
엄마 안 찾아요." 하는 분들도 있을 것이다.

그런 생각을 하면 하루하루가 아까워 미칠 지경이다. 조금 전까지만해도 피곤해서 졸리고 짜증이 나다가도 눈을 뜨고 같이 놀아주게 된다. "그래, 너 이렇게 작고 귀여운 모습 언제 실컷 보겠니? 밤새고 놀아보자!" 하게 된다.

둘째는 놀이의 결정적인 중요성을 기억해보는 것이다. 푸름 아빠 최희수 씨의 『사랑하는 아이에게 화를 내지 않으려면』을 보면 이런 부분이 나온다. "아이는 원래 어리면 어릴수록 쾌활하답니다. 쾌활함은 환경의 영향으로 생긴 고통으로부터 회복할 수 있는 능력이에요. 아이가 쾌활함을 잃지 않게 해주세요…(중략) 방법은 아주 간단합니다. 아이와 함께 '재미있는 놀이'를 하면 됩니다."

여자아이들은 상상 놀이를 특히 좋아한다. 은율이도 예외가 아니다. 천 번도 넘게 한 상상 놀이가 있는데 이름하여 '곰이 사냥꾼에게 잡히는 놀이'다. "엄마, 오늘은 사슴 놀이하자!" "오! 새로운 놀이야?" "응!" "그래, 어떻게 하는 건데?" 하면 여지없이 동물 이름만 바꾼 또 그 공포의 사냥꾼 놀이다. "엄마는 사냥꾼이고! 난 사슴이야!" 하면서 쫓고 쫓기는 놀이를 무척 좋아한다.

활에 맞아서 쓰러지는 딸의 리얼 액션에 빵빵! 총소리를 냈다가 옷걸이로 활을 만들어 입으로 "쓩~" 하는 소리를 냈다가 하다 보면 갑자기 '이거 하려고 내가 대학원까지 나왔나?' 라는 생각이 든다. 반은 농담이고 반은 진담이다.

아빠가 가장 잘하는 것으로 함께 놀기

은율이가 아빠랑 하는 놀이 가운데 가장 좋아하는 것은 그림 놀이다. 남편은 중학교 시절 『노인과 바다』를 읽고 창문에 산티아고 노인이 황새치를 잡는 장면을 그렸다고 한다. 아버님이 그 그림을 보시고는 너무나 생생해 놀라셨다는 이야기를 들었다. 그림에 재능이 있는 남편은 은율이가 두 돌이 되기 전에 물감을 사주고 같이 그림을 그렸다.

낮에 나랑 놀다가 몇 번을 "엄마, 강아지 그려줘." 하던 은율이가 어느 순간 내 그림 실력을 눈치챈 후로는 단 한 번도 그림 그려달라는 말을 하지 않았다. 아빠가 퇴근하면 "아빠, 우리 그림 그리자! 사자 가족 그려줘. 내가 색칠할게." 한다. 커다란 도화지를 펴놓고 일명 '은율이와 아빠의 합작품'을 둘이서 그린다.

제주도에서 함께 말 타던 것도 그리고 은율이가 가장 좋아하는 유니콘이랑 둘리도 그린다. 그러다가 갑자기 소파에서 뒹굴고 장난을 치고, 또 그림을 그린다. 아빠가 그린 밑그림을 크레파스로 일부러 망쳐놓고는 또 까르르 웃는다. 그렇게 그린 그림 조각들은 우리 집 거실의 벽지를 대신한다.

나는 책 육아를 잘 하고 남편은 그림 육아를 잘한다. "여보, 은율이 책 좀 읽어줘요." 하면 본인 책은 좋아하는 남편이 아이 책은 채 몇 권 읽어주지 못하는 걸 보았다. 그런데 그림 놀이는 몇 시간씩도 한다. 그걸 보며 남편이 가장 잘하는 것으로 아이와 놀아주는 게 최고라는 생각이 들었다. 내가 껴서 이래라저래라 하던 걸 삼가게 되었다.

▶ 아빠와의 즐거운 그림그리기 시간. 45개월

놀이터 시절도 길지 않다

제주도 여행에서 은율이와 동갑인 다섯 살 남자아이를 만났다. 그 아이의 엄마는 교육에 관심이 무척 많았다. 그 엄마가 하던 말이 기억에 남는다.

"여기저기 아이랑 참 많이 다니는데, 우리 아이는 놀이터가 제일 좋대요."

나도 비슷한 경험이 있다. 주말에 남편과 나는 은율이를 오랜만에 서울 근교 놀이공원이나 아쿠아리움에 데리고 갈 계획이었다.

"은율아 어디 갈래? 아빠가 다 데려갈게." 하자 은율이는 "놀이터 가고 싶어."라고 했다. 그 대답에 약간 허무하긴 했지만 은율이는 그날 평일 낮에 잘 가지 못하는 놀이터에서 아빠랑 실컷 놀았다. 놀이터에 아빠랑 워낙 자주 가서 이제는 남편이 동네 꼬마 언니들을 나보다 더 잘 알 정도다. 남편이 가면 "은율이 아빠다!" 하며 같이 뛰어 놀려 한다.

놀이터 하니 또 하나 잊을 수 없는 기억이 있다. 장마철이었다. 놀이터에 푹 빠져 지내던, 이제 막 다섯 살이 된 은율이는 비옷을 입고 놀이터로 갔다. 그런데 갑자기 그네를 보더니 타겠다고 한다. 귀찮았지만 집으로 다시 가서 수건을 가져와 그네를 닦았다. 몇 번 타더니 비옷에 자꾸 미끄러지자 바닥에 주저앉아 엉엉 울기 시작했다.

개미 한 마리 없는 비 오는 놀이터에서 주저앉아 우는데, 무엇이 그렇게 서럽고 속상한지 한참을 울었다. 그네가 타고 싶은데 맘대로 안 되니 그랬나 보다. 왜 그렇게 귀엽고 웃기던지 아이는 펑펑 울고 나는 그 순간을 사진에 담았다.

'놀이터가 그렇게도 재밌을까.' 하는 생각이 들던 어느 날, 잊고 있던 너무도 오래된 기억 하나가 떠올랐다. 바로 네 살 터울 언니랑 눈만 뜨면 동네 놀이터로 가서 온종일 놀던 일이다. 도시락까지 싸갔던 기억이 또렷이 떠올랐다. "언니, 우리 동네 놀이터 갈 때 도시락 싸서 갔잖아." 그 말에 언니는 웃음을 터뜨리며 그럴 리 없다며, 기억이 나지 않는다고 했다. 어린 시절 놀이에 대한 열정은 이렇게 크다. 나도 예외가 아니었다.

엄마, 더 안아주세요

앞서 말한 것처럼 놀이는 아이에게 치유이다. 그런데 아이에게 또 하나 치유의 능력을 발휘하는 것이 있다. 바로 아이를 꼭 안아주는 것이다.

나는 은율이를 참 많이 안아주는 편이다. 자고 일어나면 부스스 일어난 모습이 귀여워서 안아주고, 아빠랑 둘이 놀러 갔다 오면 그간 못 봐서 반갑다고 신발도 벗기 전에 으스러지게 안아준다. 그냥 낮에 둘이 놀다가도 그냥 귀엽다고 안아준다.

▶ 영화 〈슈퍼 베어〉를 본 후 아기 곰이 불쌍하다며 울었다. 네 살

어느 날 화장실에서 기저귀를 갈아준 후 수건으로 닦아주며 조그마한 몸이 귀여워 안아주었다. '내가 계속 안고 있으면 은율이가 어떤 반응을 보일까?' 하는 생각이 들어서 꽤 오래 아무 말 없이 꼭 안아주었다.

평소에 많이 안아주기도 하고 엄마가 자신을 사랑해주는 것은 당연한

지라 나는 아이가 "됐어, 그만. 답답해!"라고 할 줄 알았는데 아이는 한참이 지나도 가만히 있었다. 종일 나랑 붙어 있는데도 아이는 그렇게 스킨십이 좋은 것이다. 그래서 '많은 시간을 엄마와 떨어져 있거나 스킨십이 부족한 아이들은 얼마나 그것이 그리울까?' 하는 생각이 들었다.

포옹은 '인정한다, 받아들인다'라는 뜻을 갖고 있다. 그래서 포옹을 하면 몸과 마음의 치유가 일어난다. 나는 하루에도 몇 번씩이나 딸의 양쪽 볼에 뽀뽀를 한다. 그런 나를 보며 남편은 "온종일 붙어 있는데도 그렇게 좋아?" 한다.

온종일 붙어 있으니 더 정이 생기는 것이다. 아이가 무슨 행동을 왜 하는지, 작은 것에 얼마나 순수하게 반응하는지 시시콜콜 다 알고 있다. 아는 만큼 보이고 보이는 만큼 사랑하게 된다. 그래서 사랑의 감정이 매일 더 커진다.

아이에게 놀이는 학습이다. 신체를 활발히 움직이면 뇌가 발달한다. 인지적인 학습만 시켜서는 안 되는 결정적인 이유이다. 그래서 현명한 엄마일수록 아이들을 실컷 놀린다. 또한 치유의 기능이 있는 것이 놀이이다. 아이에게 미안한 마음이 드는 순간에는, 몸을 부대끼며 놀아주는 건 어떨까.

부모와 스킨십을 나누며 논다면 아이는 사랑받는다는 것을 직접 느낄 것이다. 어떻게 해야 할지 모르겠다면, 간지럼을 태워보자. 침대에서 아이와 그냥 뒹굴어보는 건 어떨까. 아이의 까르르 넘어가는 웃음소리를 언제까지 들을 수 있는 것이 아님을 늘 기억하면서 말이다.

아이들은 놀이를 통해 스스로 발전하는 법을 아는 놀라운 존재이다.

▶ 집에서 놀이와 학습을 하며 안정적인 유아기를 보냈다. 은율이가 늘 그리워하는 별내 집에서. 33개월

2 장
———

아이의
행동을 보면
마음을
알 수 있다

옆집 엄마가 아닌,
내 아이에게 물어보라

은율이가 어릴 때 나는 또래 엄마들과 거의 만나지 않았다. 어린 은율이를 데리고 누군가를 만난다는 것이 힘들다는 게 가장 현실적인 이유였다. 한 번은 대학 시절 친했던 친구와 연락이 닿았는데 은율이보다 한 살 많은 사내아이를 키우며 우리 집에서 멀지 않은 곳에 살고 있었다. 반가운 마음에 약속을 잡고 근처 키즈 카페에서 만났는데 잠시 친구랑 이야기하는 사이에 당시 두 돌이었던 은율이가 바닥에 머리를 쿵 하고 찧었다.

또 한 번은 그 친구와 레스토랑에서 만났지만, 식사나 대화를 전혀 나눌 수가 없었다. 친했던 친구라 오랜만에 대화를 하고 싶었는데, 도저히 불가능했다. 자기에게 온전히 집중해주길 바라는 두 돌배기 아이한테도 미안한 노릇이었다.

밥을 먹는 둥 마는 둥 하고 지쳐서 집에 돌아오니 낮에 급하게 나가느라 미루었던 설거지가 가득 쌓여 있고 거실도 엉망인 채였다. 한숨이 나왔다. 여담이지만 가끔 남편에게서 "우리 결혼식에 왔던 그 친구 알지? 오늘 친구가 사무실로 찾아와서 같이 점심 먹었어."라는 말만 들어도 화가 불쑥불쑥 나기도 했다. '나는 친구도 한 번 제대로 못 만나는데…'라는 피해의식도 생겼다. 그 후로 나는 또래 엄마들을 잘 만나지 않게 되었다.

상.호.존.중.감

두 번째 이유는 육아관이 다른 아기엄마들과의 만남을 자제하기 위해서였다. 나의 육아관은 상.호.존.중.감이다. 5자 성어는 아니고 아이를 키우며 만들어낸 나의 육아 모토이다. 무슨 말인고 하니 상상력, 호기심, 존중, 중고, 감정 읽기의 첫 머리 글자를 딴 표현이다. 나의 육아는 항상 저 다섯 글자의 테두리 안에 있었다. 무엇을 아이와 할까, 어떻게 육아의 우선순위를 정할까 할 때 나는 항상 저 모토를 떠올려보았다. 그럼 하나씩 이야기해보겠다.

첫째, 상상력이다. 상상력을 극대로 발휘시킬 수 있는 개월 수는 정해져 있다. 구글과 같은 세계적 IT기업들은 직원들의 창의력을 극대화하는 데 전심전력하고 있다. 그런데 우리 아이들은 노력을 하지 않아도, 특별히 배우지 않아도 늘 창의력이 넘친다. 이 얼마나 놀라운 능력인가?

둘째, 호기심이다. 나는 아이의 호기심을 억누르지 않기 위해 노력했다. 모든 지적인 발달은 호기심에서 출발한다. 호기심이 폭발한다는 개월 수에 참으로 여러 밤을 새우면서 책을 읽어주었다. 산책할 때 사소한 질문에 대답해주고 수없는 대화를 주고받았다. 유모차를 밀면서 걷다가 멈추기를 반복하며 아이의 이야기에 귀 기울이고 대답해주는 것이 쉬운 일은 아니었지만, 아이의 호기심을 꺾어버리고 싶진 않았다.

나는 특별한 사교육을 시키거나 기관에 보내는 엄마도 아니었기에 내가 할 수 있는 것은 최선을 다해 해주고 싶었다. 그렇다고 내가 주도해서 뭔가를 해주기보다는 아이가 필요를 느끼는 것에 대해 성실히 반응해주려고 했다. 폭발하는 상상력이나 호기심으로 인해 뭔가를 해보고 싶어 하면 적극적으로 반응해주었다.

셋째, 존중이다. 존중은 가장 실천하기 어려운 것이었다. 눈을 떠서부터 잠드는 순간까지 나의 입술을 훈련해야했다. 하지만 그것이 아이의 미래를 결정한다는 것을 알고 있었기에 조심하고 또 조심했다. 나의 스케줄에 아이를 맞추어 끌고 다니지 않으려 했다. 그런 이유로 불필요한 만남을 자제하려 많이 노력했다.

넷째는 중고인데, 그야말로 중고 물건을 사는 것이다. 책도 중고, 장난감도 중고, 옷도 중고로 많이 샀다. 그중에 중고 책은 정말 아이 교육에 최고의 방편이었다. 은율이는 중고 책을 보며 아주 잘 자랐다. 중고 책은 실수로 찢어도 야단칠 일이 없고 궁금해서 색연필로 색칠을 해도 부담이 없었다. 은율이는 목욕할 때, 밥 먹을 때, 심지어 응가 할 때도 책을 읽어 달라고 조르는 아이였기에 나에겐 중고 책이 효자 아이템이었다. 새것은 수십만 원씩 하는데 중고 책은 상태가 아주 좋은 것도 5만 원이면 살 수 있었다.

마지막은 감정 읽기이다. 여자아이라 나는 특히 이 부분에 있어 조심했다. 감정은 말로만 하는 것은 아니었다. 자고 일어났을 때 "얼른 준비하고 나가야지! 어서 밥 먹어."라는 말 대신 먼저 꼭 안아주었다. 은율이의 눈빛을 읽으려고 항상 노력했다. 시중에 나가보면 감정에 대한 육아서가 아주 많다. 감정 읽어주기는 아이에게 자신감, 독립심 그리고 요즘의 화두인 자존감으로 이어진다. 감정 읽기는 그만큼 중요한 것이다.

▶ 모조전지를 붙여놓으면 독특한 그림으로 공간을 채우던 36개월 은율이

아이의 행동과 눈빛 따라가기

다시 본론으로 돌아가자. 육아관이 다른 사람과 만나 아이에 대한 이야기를 나누다 보면 종종 불편한 마음이 들곤 한다. 나는 당시 소위 책육아로 아이를 키우기로 마음먹고 이를 실천하고 있었고 은율이가 무언가를 잡을 수 있는 개월 수가 됐을 때부터는 물감도 주어 장난할 수 있도록 하였다.

책과 그림 그리고 상상 놀이 같은 것들로 은율이의 삶은 채워져 있었고 은율이와 내가 보내는 하루는 그다지 규칙적이지 않았다. 마트를 가다 햇살이 좋으면 놀이터 맨 꼭대기에 올라가 누워있기도 했다. 동네 도서관에서 놀다가 배가 고프면 분식집에서 김밥을 먹고, 돌아오는 길에 만난 강아지와 한참을 놀기도 했다. 책을 읽다가 시간이 늦어지기 일쑤였다. 서너 살 시절의 은율이는 밤새워 책읽기를 좋아했다. 다음 날 어린이집을 가야 할 필요가 없으므로 아이를 다그칠 필요가 없었다.

그런 나의 육아 패턴은 대부분의 엄마와 맞지 않았다. 한 번은 아이들을 동반하고 여러 부부들과 만난 적이 있었다. 은율이와 정확히 같은 개월 수의 아이도 있었고, 다들 고만고만한 아이를 키우고 있는 부부들이었다. 자연스럽게 아이 키우는 주제로 대화는 흘러갔다.

그날의 모임에서도 나의 육아 패턴은 환영받지 못했다. 어지럽히기 좋아하는 두 돌쟁이 아이에게 왜 벌써 물감을 주느냐부터 시작해 중고로 아이를 키우는 것에 대해서도 부정적인 이야기가 나왔다. 아직도 놀라서 눈을 동그랗게 뜨던 한 아이 엄마의 모습이 떠오른다.

주위에서 다른 아기엄마들이 무슨 말을 해도 나는 은율이의 눈빛만 보았고, 은율이가 얼마나 생기발랄하게 하루하루를 보낼 수 있는지에만 집중했다. 그즈음 만났던 '푸름 아빠' 최희수 씨나, '웨인 다이어' 또는 '하은맘' 김선미 씨의 책들은 내가 바른길로 가고 있다고 격려해주는 마음 잘 맞는 친구였다. 그 책에서 힘을 얻고 다시 불규칙적이고도 행복한 삶을 살아갔다. 은율이는 또래보다 발달이 훨씬 빨랐다.

19개월에 처음으로 받았던 영유아 건강검진에서 의사 선생님의 놀라던 표정과 말씀이 기억난다. 그동안 건강검진을 한 번도 가지 않다가 처음으로 병원에 들렀다. 기관에 가지 않는 탓에 은율이를 비교할 대상은 별로 없었다. "아이가 단어를 몇 개 정도 말할 수 있나요?" 물으시길래 오히려 놀란 것은 내 쪽이었다. 은율이는 단어뿐 아니라 이미 문장으로 말하기 시작한 지가 두 달도 넘었기 때문이었다.

▶ 아침 산책 중에 만난 커다란 개에게 스스럼 없이 다가갔다. 37개월

"단어는 백 개 이상 말하는 것 같고 문장으로 말해요···." 라고 하자 의사 선생님은 어떤 말을 하느냐고 물으셨다. 은율이가 할 수 있는 문장들을 이야기하자 선생님은 24개월의 언어보다 빠르다고 하시며 깜짝 놀라셨다. 네 살 때 "노을 지는 밤바다", "해지는 저녁 바다" 같은 감수성 가득한 제목을 붙인 수채화도 여럿 그렸다. 감수성뿐만이 아니라 신체적인 면에서도 잘 자라주었다. 엄마인 나는 여성 평균 키에 지나지 않고 남편도 특별한 장신은 아니다. 하지만 사람들은 어디를 가나 은율이를 또래보다 한 살 더 많은 아이로 보았다.

발달이 빠르다는 말을 수없이 들으며 나는 옆집 엄마의 말이나 인터넷에 떠도는 정보들이 아닌, 나의 딸에게 물어본다. 지금까지 은율이의 성장을 보며 이 길이 맞는다는 확신이 점점 더 커진다. 혹시나 다른 사람들은 어떻게 하고 있는지, 소위 육아의 주류는 어떻게 아이를 키운다는 것인지 몰라 불안할 때가 있다. 그럴 때 나는 육아서를 든다. 밑줄을 긋고 마음에 새기고 다시 내 아이를 본다. 그러면 마음이 편안해진다.

아이에게만 귀 기울이기에도 짧은 시간이다.

02

청소에
목숨 걸지 마라

나에게 고민을 종종 털어놓는 30대 주부가 있다. 세 살 아이를 키우고 있는 그녀의 최대 고민은 청소다. 아이랑 온종일 놀고 나면 집은 엉망진창이 된다. 파김치가 된 상태로 남편이 퇴근할 시간이 되면 저녁 준비하기에도 정신이 없다. 저녁 준비를 하고 있으면 아이는 심심한지 또 이것 저것을 꺼내어 논다. 거실 한쪽에서 블록을 와르르 쏟는 소리가 들린다.

밥을 차리면서도 걱정이 되고 남편이 오면 눈치가 보인다고 한다. "휴, 치워도 치워도 끝이 없어요. 남편은 저보고 온종일 집에서 뭐 했느냐고 해요. 정리를 깨끗이 해둬야 아이도 정리를 배운다며 제 탓만 한다니까요." 남편이 심지어 친구네 집과 비교까지 한다며 눈물을 글썽인다. 이런 그녀를 보니 남의 일 같지 않다.

심지어 우울증까지 생겼다. 낮에 아무리 깨끗이 치워도 남편이 집에 올 시간 즈음이면 도루묵이다. 이 지경까지 되니 그녀는 이런 상황이 너무 억울해 실시간으로 사진을 찍어 남편에게 문자와 함께 보냈다고 한다. "현재 오전 9시. 거실은 이렇게 깨끗해. 이따가 어떻게 되는지 보내줄게." 그리고 점차 아이로 인해 어질러진 사진을 보냈다고 한다.

그리고 오후에 자신이 깨끗하게 치운 거실 사진을 다시 보냈다고 한다. 그리고 퇴근 직전 또다시 엉망이 된 집의 사진을 보냈단다. 그 후로 남편도 조금씩 아내를 이해하게 되었고 아이가 한 살 한 살 커가면서 상황은 조금씩 나아졌다는 이야기를 들었다. 그녀의 이야기가 남의 이야기처럼 들리지만은 않을 것이다.

나 역시 은율이가 네 살이 될 때까지 정리 정돈이 늘 숙제였다. 아이들은 어릴 때 한창 집을 어지른다. 설상가상으로 나는 정리 정돈에 매우 서툰 성격이다. 그래서 정리 · 수납전문가를 부른 적도 있다. 아이들이 어릴 때는 호기심이 많아서 기어다니며 여기저기 물건을 다 꺼내놓는다. 뭘 먹을 때도 잘 흘려서 수시로 닦고 치워야 한다. 어린 아이는 바닥에서 놀고 기어 다니는 경우가 많아 바닥에 물건이 있을 때가 많다.

책을 본 후에도 아이가 바로바로 책장에 책을 꽂을 수는 없다. 평소에 교육에 관심이 많은 남편일지라도 책이 여기저기 널브러져 있는 것을 대부분은 이해하지 못한다. 퇴근해 집에 오면 편안히 쉬고 싶은 마음에서일 것이다. 아무튼 여기까지는 아이의 특성을 잘 이해하지 못하는 남편들의 이야기다.

▶ 책과 놀이가 어우러지던 21개월

어지러운 방에서 창의성이 길러진다

내가 정말 이야기하고 싶은 것은 스스로 정리 정돈을 하지 않으면 못 견디는 '청소 파', '위생 파' 엄마들이다. 나는 정리 정돈을 못하는 자신이

한 번도 자랑스러운 적이 없었다. 오히려 그것은 나의 콤플렉스였다. 그런데 은율이를 키우면서 그것이 나의 장점이 될 수 있음을 알고 참 감사했던 적이 많다. 은율이가 낮에 자유롭게 놀아도, 뭔가를 쏟아도 크게 스트레스를 받지 않았다.

덕분에 은율이는 낮에 여러 가지 소품으로 마음껏 상상놀이도 하고 겨울에는 눈을 퍼 와서 집에서 놀기도 했다. 책도 보고 싶은 대로 꺼내 와서 얼마든지 읽었다. 싱크대 빈칸에 들어가 마음껏 저지레를 하며 놀기도 했다. 거실에 물감을 쏟기도 하고 욕실 타일에 휴지를 붙여 물감 번짐 놀이도 했다.

호기심 넘치는 아이를 막을 수도 없었지만, 사실 내가 청소에 목매는 성격이 아니어서 가능한 일이었다. 내가 정리 정돈을 못 한다고는 하지만 나도 한 때 신혼집을 예쁘게 꾸미던 시절이 있었다. 시부모님이 마련해주신 예쁜 복층 집이 너무나 좋아서 임신한 몸으로 동대문을 여러 번 오가며 꾸민 방을 남편은 동화 속 방 같다며 좋아하기도 했다. 그렇기에 아이가 집을 어지르는 자체가 좋았던 것은 아니다. 단지 아이가 청소보다 귀했고, 아이의 호기심과 창의력에 집중했을 뿐이다.

사람들은 흔히 아이가 정돈된 환경에서 집중을 잘 할 수 있다고 생각한다. 깨끗한 환경이어야 아이도 나중에 정리 정돈을 잘할 수 있다고 얘기한다. "이제 이 놀이 다 했으니까 깨끗이 치우고 다른 놀이해요."라고 해야 한다고 생각한다. 하지만 영유아들은 좀 다르다. 이런 나의 생각에 힘을 실어준 책이 있다.

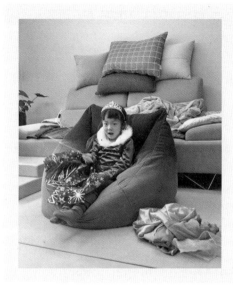

▶ 엘사 드레스와 왕관을 쓰고 상상에 빠진 꼬마 공주. 네 살

어느 날 남편이 본인도 육아서를 읽어봐야겠다며 정신과 전문의 서천석 교수님의 책 『우리 아이 괜찮아요』를 사왔다. 거기에서 정말 마음에 드는 부분을 발견했다. 아이들은 정리가 너무 잘된 환경보다는 좀 어질러진 환경에서 이 놀이 저 놀이로 옮겨 가며 창의적인 생각을 키워나간다는 것이다. 은율이의 모습이 오버랩 되었다.

모든 꼬마 공주님들의 로망인 엘사 공주가 나오는 〈겨울왕국〉을 볼 때마다 은율이가 하는 행동이 있다. 엘사 공주가 파란 드레스로 갈아입고 노래하는 장면만 나오면 바로 자기 방으로 달려가서 장갑과 엘사 드레스로 갈아입고 나오는 것이 그것이다. 또 동화책을 읽다가 독후 활동도 곧잘 한다. 말이 좋아 독후 활동이지 사실 또 저지레 할 준비를 하는 것이다. 자기 방에 가서 장난감 박스를 다 뒤져서 낚싯대를 찾는다든가 옷장을 열어 빨간 손수건 같은 것을 찾는다. 잠시 방심한 사이 방은 온통 그런 독후 활동감을 찾느라 엉망이 된다. 어질러진 방을 대충이라도 정리하고 있으면 거실에서 또 나를 찾는다. "엄마! 이거 봐 나 좀 봐! 얼른!" 그걸 기억해보니 정말 서 교수님 말이 맞는다는 생각이 들었다.

나는 그 책을 읽기 전에도 아이의 그런 행동이 자연스럽고 건강해 보였다. 순간순간을 놀이로 만드는 호기심 넘치는 아이가 하는 행동으로 너무나 당연한 것 아닌가 싶었다. "꺼내고 나면 정리를 해야지!" 하는 말에 정리하는 사이 엘사 공주의 노래가 지나가버릴 테니까. 그 호기심에 찬 눈빛도 사라질 게 뻔했다.

모든 것을 다 만족시킬 수는 없는 것이 우리네 삶이다. 나는 우선순위에서 정리 정돈을 뒤로 미루어두었다. 1순위를 아이의 호기심과 창의성을 폭발시키는 것에 두었다. 그것은 시간이 지나면 다시는 오지 않을 것이기 때문이다. 그리고 눈앞의 신기함과 호기심에 푹 빠지는 나이가 지나면 아이의 관심이 자연스럽게 정리 정돈이나 그 밖의 다른 방향으로 옮겨갈 수 있다고 생각한다. 조급해하지 않는다.

AI 시대, 전 세계가 창의성에 목숨을 건다

7세까지 인간의 창의성과 상상력이 폭발적이라는 것을 생각해보면 이 시간에 정리 정돈만을 강조하기에는 너무 아깝지 않은가. 아이의 창의성을 죽이는 것이 너무 아깝지 않은가 말이다. 집 정리는 정리수납 전문가가 대신 해 줄 수 있어도 창의적인 생각은 다른 이가 심어줄 수 없다. AI 시대를 맞이하며 요즘 전 세계의 교육은 창의성을 기르는 것에 집중되어 있다고 해도 과언이 아니다.

은율이는 다섯 살이 되더니 정리를 곧잘 한다. 갑자기 강아지 집 위치를 바꾸어 배치하고 기저귀는 그 옆에, 그리고 사슴벌레 집은 교구장에 두면서 나름의 인테리어를 한다. 무엇보다 나랑 같이 청소하는 것을 무척 좋아한다. 나에게서 청소기를 뺏어서 이 방 저 방 힘차게 돌린다. 손이 제법 야무지다. 로봇 청소기 걸레는 나보다 더 잘 빨아서 우리 친정엄마가 "벌써 은율이 덕을 보네." 하실 정도다. 욕실 바닥 청소를 맨날 하자고 성화다.

물론 은율이가 그림을 그리고 난 스케치북이나 오리고 난 색종이 조각들이 거실에 뒹굴 때가 훨씬 많다. 하지만 나는 그다지 스트레스를 받지 않는다. 그 사이에 정리하는 요령도 많이 늘었다. 은율이가 지금보다 어릴 때는 물건들을 세분화시켜서 정리했는데 이제는 크게 크게 분류해서 정리하니 훨씬 편하다. 그리고 집이 크지 않더라도 구획을 정해서 정리하는 것도 좋은 방법이다. 이곳은 블록 놀이 하는 곳, 이곳은 미술 하는 곳, 이곳은 책 보는 곳 같이 말이다.

우리는 왜 깨끗한 집을 원할까? 안정감과 쾌적함을 주기 때문일 것이다. 또 남들 보기에도 좋기 때문이다. 그런데 한 가지 사실을 기억하면 좋겠다. 아이도 집의 구성원이라는 사실 말이다. 그 구성원의 취향도 존중해주면 한다. 정리는 무조건 좋은 것이고 어지르는 것은 나쁘다는 이분법적 사고방식만 버려도 훨씬 쉽고 행복한 육아를 할 수 있다. 아이가 잘 커 주는 것은 덤이다. 남편 눈치도 보이고 본인도 어지러운 것을 참지 못한다면 신나는 음악을 틀어놓고 아이랑 놀이하듯 치워보자. 박스를 하나씩 가지고 누가 누가 더 많이 담나, 게임 같은 것을 하면서 말이다.

똑똑한 엄마는 청소에 목숨 걸지 않는다.

야단칠 때는 단 한 번만,
반복하지 마라

이번 책을 쓰면서 가장 시작하기 힘든 부분이 이번 장이었다. 현명하게 아이를 야단치지 못한 순간들이 떠올라서 마음이 아팠기 때문이다. 나는 은율이에 대해 인내심이 큰 편이다. 주위에서도 그렇게들 말한다. 그런데 한 번 그 고삐를 놓게 되면 그 다음부터는 무서운 일들이 벌어진다. 한마디 할 것을 두 마디, 세 마디 하며 야단을 치는 것이다.

평소에는 더한 일도 잘 인내했는데, 한 번을 참지 못하면 줄줄이 비엔나처럼 잔소리와 비난의 말들이 나온다. 우리가 잘 알듯이 행동에 대해서만 단호히 이야기해야 하는데 나의 스트레스와 푸념 섞인, 그야말로 잔소리를 하는 것이다. '아차' 싶을 때는 이미 늦었다.

누군가는 잔소리를 "옳은 말을 기분 나쁘게 하는 것"이라고 했는데 정말 맞는 말인 것 같다. 내가 이 글을 시작하기가 어려웠던 이유는 바로 어제 내가 그런 잘못을 했기 때문이다. 은율이는 다섯 살이 되면서 강아지, 물고기, 사슴벌레, 새에 이어 햄스터를 키우고 싶어 했다. 그래서 우리는 현재 가정 분양받은 건강한 햄스터 두 마리를 키우고 있다.

문제의 발단은 은율이가 햄스터를 꺼내고 싶다며 케이지 문을 열면서부터였다. 아니, 사실 너무 약한 케이지 뚜껑을 만든 제조 과정이 발단이었다고 할 수 있을 것이다. 책을 통해 햄스터들을 한 번씩 방이나 거실에 풀어놓아야 좋다는 것을 알게 된 은율이는 종종 햄스터들에게 자유를 선물해준다. 그런데 어쩌다 은율이가 너무 힘을 준 나머지 위로 젖혀지는 뚜껑의 한쪽 부분이 깨어지고 만 것이다.

하루 동안의 피로가 쌓인 데다 밤도 늦은 상태라 짜증이 났다. 이미 뇌에서 감정을 제어할 틈도 없이 "조심하라고 했지? 어떡할 거야 이제! 햄스터가 다 탈출하게 생겼네."라고 야단을 쳤다. 은율이는 고개를 푹 숙이고 조그만 손으로 이미 깨진 뚜껑을 맞춰 보려 애를 쓰고 있었다. "어떡할 거야, 응? 엄마는 모르겠어. 이제 어떡할 거니?" 그러자 은율이는 "테이프로 내가 붙일 거야…"라며 작은 소리로 겨우겨우 자신의 의견을 이야기했다.

거기서 멈추었어야 했는데 나의 잔소리는 계속 이어졌다. 아이가 실수로 한 행동에 대해서는 야단치지 말 것, 야단을 치더라도 나의 스트레스를 싣지 말 것, 후회할 행동을 하지 말 것, 화내지 말고 단호하게 할 것 등의 원칙들은 이미 안드로메다로 간 지 오래였다. "테이프로 매번 어떻게 붙이니?" 한참 입씨름하다 정신을 차리고 보니 나 자신이 한심했다. 이 세상에 나온 지 이제 겨우 4년 6개월 된 존재와 마흔이 넘은 어른이 뭘 하는 건지 정말 기가 막힌 노릇이었다.

그날 밤 은율이에게 나는 여러 번 사과했다. 안아주고 달래주고 진심으로 용서를 구했다. 그리고 테이프로 붙이겠다고 말해주어서 고맙다고 했다. 좋은 생각이었는데 엄마가 너무 피곤한 나머지, 그리고 어른이라는 이유로 억눌러서 미안하다고 했다. 사실 그날은 친정인 지방으로 내려오느라 차를 오래도록 탄 상태라 몹시 피곤했다. 글을 쓰는 지금도 마음이 몹시 아프다.

야단맞는 아이의 뇌는 정지상태가 된다

여러 번의 잔소리가 얼마나 효과가 없는지 나는 이미 잘 알고 있었다. 결혼 전 뉴질랜드에서 가족 상담 공부를 할 때 한 뉴질랜드 강사로부터 다음과 같은 이야기를 들은 적이 있다. 그분이 어린아이였을 때, 아버지가 야단을 많이 치셨다고 한다. 아버지가 반복적으로 야단을 칠 때 자신의 머릿속에는 아무것도 떠오르지 않았다고 한다. 무엇을 잘못했는지, 아버지가 왜 야단을 치시는지 전혀 모른 채 머릿속이 하얘졌다고 했다.

그분이 그런 어린 자신을 비유한 것이 검은빛의 포섬이라는 동물이었다. 뉴질랜드에는 우리말로 주머니쥐라 부르는 포섬이 많다. 생김새는 족제비 같으며 캥거루처럼 주머니에 새끼를 넣고 다닌다. 밤에 주로 활동하는 포섬은 도로에서 치여 죽는 일이 많다. 헤드라이트의 강렬한 빛에 오도 가도 못하고 서 있다 치여 죽는 것이다.

강사분은 아빠에게 야단맞을 때의 자신이 꼭 이 포섬 같았다고 하셨다. 머릿속이 하얘지며 자신의 뇌는 정지했다고 한다. 그 기억이 아직도 생생하다며 포섬처럼 눈을 동그랗게 뜨고 정지된 표정을 연출하셨다. 그분의 어린아이였을 적 모습을 상상하니 참 안타까웠다.

생각해보니 햄스터 집 사건 때 은율이의 표정이 딱 그러했다. 5분도 채 안 되었을 그 시간이 어린 은율이에게는 얼마나 길었을까. 나의 반복적인 잔소리로 인해 은율이는 무의식 속에서 착한 아이가 되어야겠다는 마음을 먹었을지도 모른다. '햄스터를 꺼내주려다가 야단을 맞았네. 차라리 아무 시도도 안 해서 야단을 안 맞는 편이 낫겠다.'라는 생각을 했을지도 모른다. 이런 양육방식이 계속되면 아이는 사고 치지 않는 순종적인 아이로 자랄 것이다.

▶ 은율이와 같은 해에 태어난 토이 푸들 하트와 함께. 네 살

한 번의 단호한 말에 힘이 있다

1년 전 쯤 은율이에게 야단을 치고 나서 왜 야단을 맞았는지 물어본 적이 있다. 은율이는 전혀 엉뚱한 대답을 했다. 그때 나는 야단치는 것은 효과가 없다는 것을 알았다. 아이들은 야단맞는 이유보다는 자신에 대한 부정적인 이미지에 집중하며 '엄마가 나를 싫어한다.'는 생각을 하게 된다는 것이 여실히 증명되는 순간이었다.

하지만 감정을 싣지 않은 단호한 한 번의 말은 효과가 있었다. 예를 들면 은율이가 우유를 쏟을 때 "은율이는 아이라서 쏟을 수 있어. 하지만 은율이가 쏟은 것이니까 저기 수건 가져와서 닦자. 다음부터는 조심하자." 하면 잘 알아듣고 닦았다. 물론 야무지게 어른처럼 닦지는 못하지만 말이다.

우리 집에는 지난 크리스마스에 입양한 하트라는 이름의 귀여운 토이 푸들이 있다. 은율이는 자기와 같은 해에 태어난 하트를 무척 귀여워한다. 은율이의 사랑 표현은 안는 것이다. 엄마가 어떻게 해주는 게 가장 좋은지 물으면 '엄마가 꼭 안아주는 것'이라고 늘 대답한다. 그래서 은율이는 자신이 가장 좋아하는 하트를 가끔 꼭 껴안는다. 하지만 강아지는 꼭 안기는 것을 좋아하지 않는다. 가벼운 포옹은 좋아하지만, 꼭 안기는 것은 답답해한다. "은율아, 강아지는 꼭 안는 것을 싫어해."라고 하자 안 그래도 안아주려는 자기를 피해 가버리는 하트 때문에 속도 상하고 엄마한테 야단맞았다는 생각에 슬픈 표정을 지었다. "강아지를 은율이보다 더 사랑해서 하는 말이 아니야. 강아지는 사람이랑 다르게 살짝 안고, 쓰다듬어주는 걸 좋아해. 그러면 은율이 옆에 오래 안겨 있으려고 할 거야."라고 이야기해주었다.

그러자 신기한 일이 일어났다. '내가 친구에게 사과해야 할 일은 무엇일까요?' 같은 질문이 동화책 뒤편에 나오면 늘 '하트를 꼭 안은 것, 하트가 귀엽다고 꼬리를 당긴 것' 같은 대답을 하고 그림을 그렸다. 자신이 무엇을 잘못했는지 정확히 알고 행동을 바꾸었다.

아이를 키우는 일이 참 만만찮은 일이라는 것을 느끼는 순간이 있다. 바로 야단친 일보다 칭찬했던 일이 훨씬 많은데도 은율이가 화를 낸 순간을 더 잘 기억한다는 사실을 알게 될 때이다. 밑져도 이렇게 밑지는 장사가 없다. 그럴 때 나는 건강에 적용되는 다음과 같은 말을 떠올린다. "몸에 좋은 것을 하려 하기 전에 나쁜 것을 하지 마라." 건강 챙기느라 보약, 영양제, 특별한 음식을 먹으려 하기 전에 몸에 나쁜 술, 담배, 스트레스, 불규칙한 생활 등을 피하는 것이 백 번 낫다는 뜻이다. 아이와 무슨 재미있는 놀이를 할까, 무슨 책을 읽어줄까, 몸에 좋은 걸 뭘 먹일까 연구하는 것만큼이나 아니 그 이상으로 중요한 것이 감정적인 야단치기를 자제하는 것이다.

전에 이런 이야기를 들은 적이 있다. 아끼는 화단을 망쳐놓은 딸에게 어떤 아빠가 딸을 야단치려고 했다. 그러자 아내가 다음과 같이 남편에게 부드럽게 이야기했다. "여보, 우리는 아이를 키우는 것이지 꽃을 키우는 것이 아니에요." 참 현명한 아내이자 따뜻한 엄마이다. 화가 나서 야단치고 싶을 때 생각해보면 좋겠다. 이 일이 아이의 인생이 걸린 만큼 중요한 일인지, 또는 내 인생이 걸린 만큼 중요한 일인지. 햄스터 뚜껑은 누구의 인생도 걸려 있지 않은 일이었다. 하지만, 나의 한마디에는 아이의 인생이 걸려 있다. 여러 번의 야단치는 말이 아닌, 아이의 인생을 바꾸는 현명한 한마디의 말을 할 수 있는 엄마가 되었으면 좋겠다. 당신도, 나도 말이다.

여러 번의 꾸중보다 현명한 한마디를 하는 지혜로운 엄마이고 싶다.

엄마가 화내면
순응하는 아이들

'화산 폭발.' 내가 화내는 모습을 묘사하는 은율이의 표현이다. 나는 화를 잘 내는 엄마가 아니다. 주변에서 너무 야단을 치지 않고 키운다고 말할 정도이니 말이다. 하지만 내가 가끔씩 화를 내도 은율이는 "엄마는 화를 잘 내."라고 이야기한다. 가끔 내는 화도 아이들에게는 임팩트가 크다는 것을 알게 되었다.

대부분 어릴 때는 엄마가 화를 내고 야단치면 기가 죽어 엄마가 시키는 대로 한다. 은율이도 마찬가지였다. 나는 이렇게 종종 분노 폭발 또는 화산 폭발을 한다. 내가 가슴이 아팠던 순간은 내가 화낼 때 은율이가 그 이유도 모른 채 기가 죽는 모습을 볼 때였다. 아이랑 싸워서 이겨도 그것은 이기는 것이 아니었다.

▶ 손님맞이 준비 중, 두 돌 생일

야단맞고 큰 아이는 눈치 보는 성인이 된다

내가 피곤에 지치고 힘들 때 은율이가 뭔가를 바닥에 쏟으면 화를 내곤 했다. 내 철칙은 아이가 실수한 것에 대해서 야단치지 않는 것이다. 하지만 피곤이 몰려오고 힘들 때면 나의 인내심은 한계에 달했다. 가까스로 짜증을 참는다고 해도 내 얼굴에 다 드러나곤 했다. 그리고 은율이가 자기 싫고 더 놀고 싶다고 할 때, 그 시간이 새벽 한 시, 두 시를 넘어갈 때면 "잠 좀 자! 제발!" 하면서 화를 내기도 했다. 그러면 은율이는 금세 풀이 죽었다. 자신이 무슨 큰 잘못이라도 한 것처럼 표정이 어두워졌다.

내가 가슴이 아팠던 이유는 아이들의 무력함 때문이었다. 힘 앞에서 어쩔 수 없이 굴복하는 모습 때문이었다. 어릴 때는 자신이 한 행동이 맞는지 아닌지에 대한 확신이 없다. 사실 어린 아이가 실수로 우유 같은 걸 엎지른 일은 야단맞을 행동은 아니다. 자기 싫다고 하는 것도 마찬가지다. 하지만 야단을 맞으면 아이들은 기본적으로 수치감을 느끼게 된다. 그러니 야단맞지 않을 것까지 야단을 맞게 되면 불필요한 수치심을 느끼게 되는 것이다. 그러면 부정적인 자아상을 갖게 되고 자연스럽게 자존감이 낮아진다. 눈치를 보는 아이로 자라게 된다. 그리고 성인이 되었을 때 사회에서 결국 힘 앞에 굴복하는 사람이 될 가능성이 크다. 화내고 큰소리치는 사람 앞에서 주눅이 들어 그 사람의 말을 따르게 되는 것이다.

그래서 은율이가 야단맞을 일도 아닌 것에 야단을 맞았을 때 나는 사과하는 일을 잊지 않았다. 사과는 빠르면 빠를수록 좋았다. "은율아, 좀 전에 은율이가 잘못해서 야단맞은 거 아니야. 엄마가 너무 피곤해서 그랬어. 은율이도 졸리면 가끔 짜증을 낼 때가 있지. 잠투정 같은 것 말이야. 엄마도 그래서 그랬어. 많이 놀라고 기가 죽었지? 엄마 용서해줄 수 있어? 엄마 앞으로 그러지 않을게."라고 했다. 하지만 나는 번번이 그 약속을 지키지 못하는 엄마다. 그런데도 은율이는 매번 나를 안아주며 용서해주었다. 은율이가 나의 사과의 손길을 단 한 번도 뿌리친 적이 없었기에 사과할 용기를 낼 수 있었다. 그리고 더 나아가 은율이에게 한 가지 더 알려준 것이 있다. 은율이가 아무리 잘못했더라도 엄마가 크게 화산 폭발을 하는 것은 엄마의 잘못이라는 사실 말이다.

다음에 엄마가 심하게 화내면 "엄마 그렇게 말하지 마."라고 이야기하라고 가르쳤다. 하지만 어른이 화내는 무서운 순간에 아이가 자신의 의견을 말하기가 어디 쉬운 일이겠는가. 그래서 어느 날 또 화산 폭발을 한 후 은율이를 붙잡고 이렇게 말한 적이 있다. "은율아, 엄마 따라 해 봐. 엄마, 그렇게 말하면 나는 기분이 나빠. 엄마가 화내면 무서워. 엄마가 그렇게 말해서 속상했어. 엄마가 그렇게 말하지 않았으면 좋겠어."

나는 은율이가 신이 나 내 말을 따라 할 줄 알았는데, 두 문장이 채 끝나기도 전에 울어버렸다. 나는 가슴이 너무 아팠다. 사랑하는 대상에게 분노를 표현하지도 못할 만큼 여린 것이 아이의 마음이다. 이렇게 여리고 부드러운 아이에게 내가 무슨 짓을 한 것인가. 아이는 세상의 전부인 엄마의 사랑을 잃지 않기 위해 엄마의 말을 듣는다. 그래서 그 특권을 남용하지 않기 위해서 나는 항상 조심하려고 한다.

당장 내 말을 듣고 내가 정한 규칙에 따라주니 편한 것 같다. 부모로서 나의 권위도 서는 것 같다. 다른 사람 보기에도 좋다. 하지만, 잘 생각해야 하는 것이 있다. 내가 화낼 때 자신이 무엇을 잘못한 지도 모른 채 내 말을 듣는 아이의 모습이 나중에 학교에서, 직장에서 연장될 수도 있다는 사실이다.

▶ 병원에서 엄마와 잠시 떨어진 사이에도 울던 은율이. 세 살

진짜 착한 아이는 꾸중이 아닌 존중으로 길러진다

어느 날 나에게 고민을 털어놓은 30대 후반 주부의 이야기다. 그녀는 어릴 때 자수성가하신 엄한 아빠 밑에서 자랐다. 커서도 교수님이나 직

장 선배 또는 상사 앞에서 의견을 잘 이야기하지 못하고 지나치게 어른들을 어려워했다. 하지만 속으로는 반항심과 불만이 많았다.

반면, 부모의 권위를 인정하면서도 친구와 같은 관계를 지속해온 아이들은 교수님이나 어른들 앞에서 주눅 들지 않고 자연스럽게 이야기하는 모습을 보였다. 그런 친구들은 뒤에서 부모를 욕하거나 상사를 헐뜯는 경우가 거의 없었다.

특히 부러웠던 것은 시부모님과의 관계였다. 부모님 눈치를 보고 자라서 겉으로만 착한 며느리였던 자신과 달리, 그 친구들은 시부모님께 자신의 입장도 밝히면서 원만한 관계를 유지했다고 한다.

내가 참 기쁨을 느끼는 순간이 있다. 가끔 은율이를 야단친 후에 은율이가 가만히 있지 않고, "엄마, 그게 아니야 내가…"라며 자신의 입장을 피력할 때이다. 그러면 나는 화났던 마음이 금방 누그러진다. 그리고 은율이에게 진심으로 고마움을 느낀다. 평소에 내가 알려준 대로 은율이가 적용했기 때문이다. 아무리 엄마라 할지라도 엄마가 오해하고 야단칠 때꼭 엄마에게 은율이 입장을 이야기해달라고 한 말을 기억하고 그대로 해주었기 때문이다.

아이가 내 말을 잘 듣는 것에 대해 칭찬하며 그것 자체를 너무 기뻐할 필요는 없는 것 같다. 바꿔 말하면 내 말을 안 듣는다고 해서 너무 실망할 필요도 없다는 이야기다. 나는 내 아이가 나를 뛰어넘기를 바란다. 나와 건강한 토론을 할 수 있고, 나를 설득시킬 수 있을 만큼 주관이 뚜렷한 아이로 커가기를 꿈꾼다.

그러기 위해서 나부터 화내면서 이야기하지 않는 습관을 들이는 것이 가장 중요하다고 생각한다. 어릴 때부터 아이를 존중과 배려로 대해주고 야단을 칠 때도 인격적인 무시를 하지 않아야 할 것이다. 부모에게 존중받으며 자란 아이는 이다음에 부모를 존경하고 존중할 것이다. 그것이 진짜 '착한 아이'가 아닐까.

진짜 착한 아이는 꾸중이 아닌 존중으로 길러진다.

사랑이 고픈 아이로
만들지 말라

요즘 아이들은 정말 재미있는 놀이 활동을 많이 한다. 책상에 앉아서 그리는 미술이 아닌 미술 가운을 입고 온몸에 물감을 묻히며 활동할 수 있는 퍼포먼스 미술 놀이, 이것저것 만들며 입체적 사고력뿐 아니라 수 개념까지 배울 수 있는 나무 블록 놀이 같은 것들 말이다. 심지어 밀가루 놀이, 소금 놀이까지 있다. 은율이도 저런 활동들을 모두 좋아한다.

나의 유년 시절을 되돌아보면, 조금 형편이 나은 친구의 집에 레고 같은 블록과 색색의 전집이 있었을 뿐, 대부분의 친구들은 놀이터에서 노는 것이 거의 전부였다. 초등학교에 들어가서는 미술학원, 음악 학원에 다니긴 했지만, 영유아들이 누리는 교육에는 그다지 특별한 것이 없었다. 창문에 그림을 그리거나 벽에 분필로 낙서하기, 아니면 종이 인형 만들기가 전부였던 것 같다. 교육기관도 요즘은 정말 다양하다. 돌이 되기 전부터 집이 아닌 교육기관을 경험할 수 있다. 내가 어릴 땐 유치원에 다니는 아이들은 더러 있었지만, 어린이집에 가는 아이들은 없었다.

프로그램보다 엄마 품에서 키운 아이들

나보다 서너 살 많지만, 벌써 고등학생 자녀를 둔 지인이 있다. 공영방송에서 리포터로 활동하신 분으로 꽤 잘나가는 커리어 우먼이셨다. 처음에는 그런 커리어가 있는 분인 줄 몰랐다. 톡톡 튀는 말투와 카카오톡 소개 사진이 남다르다는 생각은 했다.

어느 날 식사 자리에서 그분은 과거에 어떤 일을 했는지와 더불어 경력이 단절된 게 너무나 아쉽다고 말씀하셨다. 정말 좋아했던 일인데 그만두게 되었다고 하시면서 월급의 절반을 드린다 해도 친정에서도 시댁에서도 아이를 맡아주지 않으셨다고 한다.

"어머, 어린이집에 맡기시지 그러셨어요?"라고 하자 "우리 때는 그런 게 없었어. 지금은 세상이 좋아졌지."라고 하셨다. 그러면서 그분은 이런 말을 덧붙이셨다. "그런데 우리 애가 너무 잘 컸어. 어쩔 수 없이 그만

두고 아이를 봐야 했는데, 정서적으로 부족함이 없이 커서 정말 잘 자랐어." 그러면서 아들의 사진을 보여주셨다.

친한 친구 중에 아들을 사랑과 관심으로 무척 잘 키우는 M이라는 친구가 있다. 그 친구를 보고 있노라면 대한민국에 이런 엄마가 또 있을까 싶을 정도다. 날마다 다양한 놀이와 책으로 아이와 시간을 보낸다. 어느 날 그 친구의 인스타그램에서 이런 글을 읽었다.

"어릴 때 엄마와 보내는 시간은 정말 즐거웠다. 엄마는 날마다 새로운 것들을 가져와 나와 놀아주었다. 무엇보다 엄마는 나와 항상 함께 해주었다."

그 친구는 엄마와 보낸 행복한 유년 시절의 경험을 그대로를 아이에게 물려주는 것이다. 친구의 엄마는 명문 여대를 졸업하고 교사로 재직하셨는데, 당시 기관이 없어 한 아주머니에게 친구를 맡기셨다고 한다. 친구가 "아주머니랑 있으니 그냥 집에 혼자 있을래."라는 말을 한 날 친구 엄마는 직장을 그만두셨다고 한다.

아이를 키우느라 경력이 단절되는 것은 너무나 안타까운 일임이 틀림없다. 당시에는 육아 휴직 같은 제도도 잘 되어 있지 않기 때문에 여성들이 휴직이 아닌 퇴직을 선택하는 경우가 다반사였을 것이다. 그런데 내 친구의 아들도, 리포터 출신 지인의 아들도 밝고 건강하게 자라고 있는 게 사실이다. 일을 택할 것인가, 아이를 택할 것인가는 엄마들의 끊임없는 고민임이 틀림없다. 그런데 요즘은 아이들이 지나치게 일찍 기관에 가는 것은 아닌가 하는 생각이 든다.

▶ 제주도 여행. 엄마의 품에서 가장 행복하게 웃는 은율이. 세 살

아이와 같이 보내는 시간은 낭비나 희생이 아닌 투자다

많은 전문가가 말하듯이 나 역시 생후 3년 동안은 아기가 엄마와 충분한 시간을 보내는 것이 좋다고 생각한다. 보통 부모들이 아이를 기관에

위탁할 때 배움의 자극을 받으며 친구들과 재미있게 놀이를 한다는 것에만 포커스를 맞추는 것 같다. 은율이가 다섯 살이 된 어느 날 어린이집 상담을 하러 간 적이 있다. 그곳에서 나는 많은 생각을 하게 되었다.

통상 아이들은 어린이집에 9시에 등원해서 이르면 두세 시, 늦으면 다섯 시까지 시간을 보낸다. 많게는 하루에 8시간을 기관에서 보내는 것이다. 그곳에는 아이들의 사적인 공간이라고는 없었다. 아이들도 스트레스 받지 않고 혼자 편히 쉴 수 있는 시간과 공간이 필요하다. 하지만, 기관에서는 그것이 거의 불가능하다는 것을 느꼈다. 특히 소음으로부터 자유로울 수 없고 혼자 뒹굴뒹굴할 수 있는 독립적인 공간도 없다. 잠시 상담하는 동안에도 나는 여러 다른 방에서 들리는 아이들의 말소리, 울음소리 등 여러 소리를 들었다. 그날은 듣지 못했지만, 간혹 일어나는 친구들의 싸움 소리도 있을 것이다. 계속적인 규율 속에 장시간 있는 것도 자유분방한 어린아이에게는 스트레스를 줄 수 있다. 어른조차 견디기 쉽지 않은 시간이라면 아이들에게도 마찬가지다.

은율이와 어린이집을 나와 아파트 놀이터로 갔다. 어린이집 창문 너머로 선생님이 아이를 붙잡고 타이르고 훈계하는 음성이 들렸다. 한낮의 고요한 햇살과 새소리를 들으며 지금의 은율이에게는 엄마 품이 더 좋겠다는 생각을 했다. 은율이 역시 아직은 다니고 싶지 않다는 분명한 뜻을 밝혔다.

사랑이라고 하면 흔히 그것을 추상명사나 형용사로 생각하기 쉽다. 나 역시 그랬다. 설레는 감정, 애틋한 감정 또는 아름다운 감정이라고 생각했다. 하지만, 대학교 때 기독교 동아리의 설교에서 "사랑은 감정이 아닌 의지다."라는 이야기를 들은 후 나의 사랑에 대한 정의가 바뀌었다. 사랑의 대명사로 알려진 예수님의 사랑을 떠올려 보면 이해하기가 쉽다.

예수님의 사랑이라고 하면 바로 떠오르는 것이 십자가이다. 십자가는 그 자체로 설레거나 가슴 뛰지 않는다. 그것은 당시 가장 큰 고통의 형벌이었기 때문이다. 십자가의 사랑은 인간으로 오신 예수님이 육신을 입고 목숨을 버리신 의지적 행동이다. 이렇듯 사랑은 동사다. 개리 채프먼의 『사랑의 다섯 가지 언어』라는 유명한 책이 있다. 5가지 사랑의 언어는 다음과 같다. 바로 '인정하는 말, 함께하는 시간, 선물, 봉사, 스킨십'이다.

나는 이 가운데 '함께하는 시간'이 영유아 시기에 있어 절대적으로 중요하다고 생각한다. 다른 것들은 어쩌면 나중에 복구가 가능한 지도 모르겠다. 하지만 시간은 지나면 결코 돌아오지 않는다. 혹자는 아이와 보내는 시간의 질이 중요하지 양은 그렇게 중요하지 않다고 한다. 나는 그 말에 전적으로 동의하기가 힘들다. 아이를 키워 본 부모라면 다 안다. 아이들이 특정 시기에 얼마나 엄마에게 붙어있기를 좋아하는지, 그리고 그 시기가 지나면 또 거짓말처럼 집착하지 않는다는 것을.

나는 하나님이 인간을 만들 때 아이들이 불필요한 행동을 하게끔 디자인하지 않았다고 생각한다. 영유아가 하는 행동은 다 이유가 있다. 아이가 엄마를 찾는 것은 그 시기에 엄마가 필요하기 때문이다. 그 본능적인 행동을 억지로 제지하며 아이를 떼어놓는 것은 매우 부자연스러운 일이다. 부작용이 일어날 수밖에 없다는 것을 잠시만 생각해보면 알 수 있다.

어느 날 은율이와 물고기를 사러 마트에 간 적이 있다. 물고기 담당 직원 아주머니는 "어머, 얘가 몇 개월 사이에 정말 많이 컸네. 엄마 사랑 먹고 큰 거지? 아이들은 정말 엄마의 사랑을 먹고 큰다니까."라고 말씀하셨다. 생각할수록 참 옳은 말씀이라는 생각이 든다. 문자적으로도 맞는 말이다. 많은 연구결과에서도 보여주듯이 엄마의 사랑을 많이 받고 자란 아이는 신체적 언어적 발달이 빠르다. 스트레스를 이기는데 그만큼의 에너지를 덜 빼앗기기에 온전히 자신의 발달에 에너지를 쓸 수 있기 때문이다.

창의력, 사회성, 내면의 강한 힘, 틀어진 부모와의 관계 회복, 회복 탄력성, 그리고 모험심. 이 모든 것을 아이가 두루 갖출 수 있다면 망설일

이유가 무엇이겠는가. 생명보다 귀한 내 아이를 위해 무엇을 우선순위로 둘지는 자명하다. 아이에게 충분한 시간을 주며 사랑을 표현하는 것은 희생이 아닌 가장 현명한 투자이다.

최소한 3년은 엄마 껌딱지로 살게 해주자. 가장 현명한 투자가 될 것이다.

나이가 어리다고
감정도 어리지 않다

은율이가 네 살 때 북서울 꿈의 숲 공원 나들이를 둘이서 자주 갔다. 사슴도 직접 볼 수 있고 재미있는 놀이터도 있어서 은율이가 무척 좋아하는 곳이었다. 그날은 여름이라 너무 더워서 밥도 먹을 겸 공원 안 식당에 들렀다. 밥을 먹고 아이가 화장실에 가고 싶다고 해서 식당이랑 연결된 화장실에 들어갔다. 세면대 옆에는 스테인리스 수건걸이가 있었는데 은율이가 그걸 손으로 잡고 돌렸다. 쇳소리가 나며 소름이 돋았다.

"은율아, 하지 마." 그러자 은율이가 나를 빤히 보며 다시 그 끼익 하는 소리가 나도록 수건걸이를 돌리는 것이다. 나는 평소의 나답지 않게 화가 치밀어서 마구 화를 냈다. 이러면 안 되는데 생각을 하면서도 계속 잔소리를 하고 언성을 높였다. 은율이는 기가 푹 죽고 겁에 질려 아무 말도 못 했다. 짐을 챙겨서 나오며 이성을 찾은 나는 아이에게 너무나 미안했다. '내가 무슨 짓을 한 건가…' 은율이를 안고 공원을 걸었다. 은율이가 그날 입었던 옷, 공원 어디쯤을 걸으며 이야기를 나눴는지도 또렷이 기억난다.

"은율아, 엄마가 미안해. 은율이는 아직 어리고 한창 호기심이 많은 나이라 그런 건데… 하지 말라고 하면 더 하고 싶어서 그런 건데… 엄마가 그 소리가 싫다고 혼내서 미안해. 엄마 용서해줄 수 있어?"

나의 사과에 대한 은율이의 반응을 나는 평생 잊지 못할 것 같다. 자신의 감정이 이해받은 데 대한 기쁨이 그 조그마한 얼굴에 가득했다. 분명 은율이는 감동한 듯 보였다. 나는 아이도 그런 표정을 지을 수 있다는 것에 몹시 놀랐다. 은율이는 두 팔로 나의 목을 꽉 끌어안았다. 우리는 그렇게 같이 성장해갔다.

아이란 존재는 얼마나 함부로 대하기 쉬운가. 얼마나 무시당하기 쉬운가. 요즘은 아이들 천국 같다고 하지만 과연 그럴까 하는 생각이 든다. 아이들은 전두엽의 발달이 완성되지 않아서 어른보다 감정조절이 어렵다. 그래서 어른들은 아이들의 감정은 존중할 필요가 없고, 떼라도 쓰면

"그러지 마!"라는 소리로 눌러버려도 된다고 생각할 때가 있다.

아이들도 엄연한 인격체다. 인격체로서 존중한다는 말은 그의 감정을 존중한다는 말과 다름없을 것이다. 감정은 한 사람에게 있어 가장 중요한 부분이다. 아이들도 마찬가지다. 아이의 말에 귀를 기울이고 그 감정을 공감해주는 것은 아이를 존중하는 가장 바른 방법이다.

이것을 잘 알면서도 나는 그날 아이에게 소리를 지르고 말았다. 그런데 조건 없이 엄마를 사랑하는 아이는 불같이 화를 낸 엄마의 사과를 받아주었다. 언제나 그런 식이었다. 엄마여서 무조건적인 사랑을 받고 용납을 받았다.

▶ 한낮의 한적한 북서울 꿈의 숲에서. 네 살

아이의 욕구를 존중해주자

이번에는 아이의 감정을 잘 읽어준 이야기를 하나 해보려 한다. 요즘에는 놀이방이 있는 식당이 많다. 아이들을 그곳에 풀어놓으면 너무나 신이 나서 논다. 처음 만난 아이들끼리 통성명을 하며 친해진다. 그러다가 부모님이 와서 "이제 가자." 하며 그 친구를 데려가면 서운해한다.

은율이가 22개월이던 어느 날, 친정 언니와 우리 세 가족은 놀이방이 있는 동네의 한정식집에 갔다. 은율이는 식당 놀이방에서 땀을 뻘뻘 흘려가며 신나게 놀았다. 우리는 식사를 마치고 은율이를 데리러 갔다. 은율이는 미끄럼을 쳐다보며 가기 싫어했다. 나는 순간 자연스레 이런 생각이 들었다. '식사를 다 했으니 그만 놀고 가야 하는데 얘가 왜 이러지?' 그러다가 아차 싶었다. 은율이 입장에서 보자면 다음과 같다. '몰입해서 놀았다. 한창 신이 나는 참이다. 그런데 엄마가 밥을 다 먹었다고 재미있는 흐름을 딱 끊고 가자고 한다.' 모든 것이 어른들 위주이다.

그때 진지하게 남편과 언니에게 이야기했다. "우리가 밥 다 먹었다고 재미있게 놀고 있는 아이한테 인제 그만 가자고 하는 건 아닌 거 같아. 저렇게 신나게 노는데." 다행히 남편도 언니도 아이의 감정을 잘 이해해준다. 아이들 심리에 관심이 많은 언니는 은율이의 세심한 감정을 엄마인 나보다 더 잘 이해할 때가 있다.

우리는 은율이와 좀 더 놀았다. 한참을 놀 줄 알았는데, 10분 정도 더 놀더니 은율이는 먼저 집에 가자고 했다. 두고두고 그때 그렇게 해주길 잘했다는 생각이 든다. 이렇게 나에게 있어 아이를 키우는 일은 끊임없이 아이의 마음이 되어보는 일이다. 그래서인지 나는 은율이를 키우며 '미운 네 살', '미운 세 살' 같은 것을 경험해본 기억이 별로 없다.

떼쓰는 아이, 부모가 만든다

아이들이 왜 고집을 피울까? 나는 어른과 아이의 힘겨루기 상황이 참으로 안타깝다. 아이들은 논리나 힘으로 상황에 맞서거나 부모들에게 자신의 의지를 표현할 수 없다. 그래서 고집으로 표현하는 것이다. 아이를 떼쟁이나 고집쟁이로 키우지 않으려면 아이가 건강하게 자신의 욕구를 표현할 수 있게 도와주어야 한다.

놀이터에서 더 놀려는 아이를 무작정 데리고 가면 아이는 보통 고집을 부리거나 큰 소리로 운다. 그러면 부모는 얘가 이렇게 고집을 부리는 것을 보니 온종일 놀지도 모르겠다는 걱정에 더 강압적인 태도를 보인다. 어릴 때 힘겨루기에서 지면 앞으로 더 힘들어지겠다 싶어 더욱 단호해진다. 그러면 악순환이 시작되는 것이다. 감정을 무시 받은 아이는 고집쟁이로 변할 가능성이 높다.

나는 은율이가 무언가를 사달라거나 더 놀고 싶다고 말할 때 "안 돼"라는 말을 먼저 하지 않는다. 그래서인지 뭔가를 조르는 법이 별로 없고 과자를 사도 가장 좋은 것 하나를 고르고는 만족하는 편이다.

아이가 무엇을 원하든지 그 마음을 일단 존중해준다. "또 사느냐, 이게 얼만지는 아느냐, 집에 많지 않느냐." 잔소리하며 아이의 손을 끌고 나와 버린다면 어떻게 될까.

▶ 〈부엉 부엉새가 우는 밤〉 노래 속의 부엉이가 가엾다며 이모에게 안겨 울던 날. 20개월

아이는 욕구의 좌절을 겪으므로 지나치게 순종적인 아이가 되거나 반대로 떼쓰는 아이가 될 것이다. 설령 원하는 물건을 사지 않더라도 아이를 존중하는 대화를 나눈다면 아이는 감정에 상처 입지 않을 것이다.

아이는 순수하기 때문에 무언가를 원할 때 그 바람이 더 강하다. 불순한 이유가 없다. 그저 그 대상 자체가 좋은 것이다. 싫을 때의 마음도 마찬가지다. 그렇기에 우리는 아이의 감정을 소중히 다루어주어야 한다. 그래야 자신의 감정이 무엇인지 스스로 인식하는 어른으로 커갈 수 있다.

아이의 감정에 대해 잘 표현한 책 『아이 마음속으로』에 인용된 야누슈 코르차크(폴란드의 의사이자 교육가, 아동문학가)의 시는 내 평생 육아의 모토가 되었다.

당신은 말합니다.
아이들은 정말 피곤해.
당신 말이 맞습니다.
당신은 또 말합니다.
아이들에겐 눈높이를 맞춰줘야 한다고.
키를 낮추고, 머리를 숙이고, 허리를 구부리고,

몸을 쪼그려 낮춰야 한다고.

그건 아닙니다.

그래서 피곤한 게 아닙니다.

아이들의 감정의 높이까지

올라가야 하니까 피곤한 겁니다.

아이들에게 상처를 주지 않으려면

몸을 쭉 펴고 길게 늘여, 발끝으로 서야 하기 때문입니다.

아이에게 엄마는
신과 같다

하나에서 열까지 모든 것이 어설픈 나를 전적인 믿음으로 붙들고 있는 은율이를 보면서 가장 크게 웃는 남자가 둘 있다. 바로 우리 친정아버지와 남편이다. 나는 원래도 좀 마른 편인데 아이를 키우면서 체중이 더 줄어서 한눈에 보기에도 약해 보인다. 은율이가 네 살 때 내가 은율이를 안고 있는 모습을 보며 남편은 "애가 너보다 더 크다."고 말할 정도였다.

막내로 자라서 모든 것이 어설프고 지금도 아빠 눈에는 한없이 아이 같은 나를 손녀가 '엄마! 엄마!' 하며 쫓아다니고 매달리고 하는 모습이 기막히고 우스우신가 보다. 다섯 살이 된 은율이가 나에게 매달려 얼굴을 비비는 것을 보면서 아빠는 "곧 쓰러질 것 같이 마른 엄마를 어쩜 저렇게 한없이 믿고 매달리냐." 하시며 웃으신다.

사실 이 두 남자의 웃음이 이해된다. 나는 막내로 자라나 주로 부모 형제의 돌봄과 염려의 대상이었을 뿐이었고 출산 전까지 누군가를 돌본 경험이 없었다. 대학교 때 "언니!", "누나!"라고 부르는 후배들의 소리조차 어색했다. 나와 달리 맏이로서 점잖고 원래 아이를 좋아했던 남편은 갓 태어난 은율이를 안고 젖을 먹이며 회복실에서 이렇게 말했다.

"여보, 당신도 은율이 좀 안아봐." 회복실에서 친정엄마와 친정 언니 그리고 남편이 번갈아 가면 아이를 안았는데 나는 그때까지 은율이를 안 아보지 않고 있었다. 갓 태어난 은율이에게 젖병을 물리며 희열에 찬 표정으로 사진을 찍힌 것은 내가 아닌 남편이 먼저였다. 임신을 기뻐했고, 태교도 열심히 했던 나인데도 누군가를 돌본다는 것이 몸에 배지 않아서인지 나는 은율이를 안을 생각을 하지 못했다. 극심했던 1박 2일의 산고 끝에 결국 수술로 아이를 낳느라 온몸에 진이 빠져서 그랬는지도 모르겠다.

은율이는 신생아실에서 5일 정도를 지내다가 퇴원하게 되었다. 집으로 가기 전에 아기를 포대기에 싸서 병원 1층 건강검진 하는 곳으로 내려갔다. 너무나 조그만 은율이를 진찰하려고 선생님은 배내옷을 벗기셨다.

차가운 청진기가 닿자 조그마한 몸이 파르르 떨리며 은율이는 울음을 터뜨렸다. 나는 순간 온몸을 통과하는 듯한 찌릿한 통증을 느꼈다. 가슴이 몹시 아팠다.

"엄마, 선생님이 검진한다고 청진기를 대었는데 마음이 너무 아팠어." 나의 문자에 친정 엄마는 이런 답을 보내오셨다. "그 감정을 절대 잊지 마라."

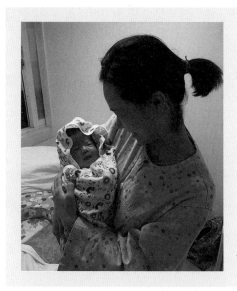

▶ 조리원, 처음 안긴 엄마 품에서 웃어주던 은율이

허당 엄마를 절대적으로 믿고 따르는 아이

조리원에 같이 입소한 남편은 우리를 두고 바로 출근했다. 나는 아이와 단둘이 핑크색 침대가 있는 조용한 조리원의 작은 방에 남았다. 아직 나의 몸은 회복 전이었다. 산통과 입원 그리고 수술, 지난 며칠의 시간이 꿈만 같았다. 아무도 없이 단둘이 그렇게 아이와 있긴 처음이었다. 은율이라는 이름을 짓기 전이라 나는 태명대로 "미라클~" 하며 조심스럽게 말을 걸어보았다. 조용한 방안에서 눈도 제대로 뜨지 못하는 핏덩이 같은 아기가 버둥버둥 하며 나를 쳐다보았다.

그 순간 나는 울음을 왈칵 터뜨렸다. 지금도 알 수 없는 일이다. 첫 탄생의 순간에도 울음을 터뜨리지 않았는데 말이다. 아이와 내가 단둘만 있던 그 순간, 방 안의 공기 냄새까지 너무나 생생하다. '내가 이 아이의 엄마구나. 내가 이 아이를 책임져야 하는구나'라는 처음 느껴보는 감정이 솟아올랐던 기억이 난다. 친정엄마나 언니, 나보다 다섯 살 연상인 남편이 없자 나는 비로소 그런 감정을 느낀 것 같다.

그 감정이 바로 모성애라면 그렇게 불러도 좋을 것 같다. 그때부터 오늘까지 나는 초인적인 힘을 발휘하고 있다. 언젠가 나는 이런 생각을 한 적이 있다. 결혼 전부터 육아와 살림을 하는 이런 부지런함과 에너지로 인생을 살아왔더라면 대성공을 했으리라고 말이다. 그만큼 살림과 육아는 나의 한계를 뛰어넘는 일이었다.

나는 기막힌 방향치이다. 어느 정도로 심하냐 하면 일단 처음 가보는 빌딩은 들어갔다가 나오기만 하면 방향을 못 찾는다. 버스를 잘못 타거나 지하철을 잘못 타는 일은 일상이다. 은율이를 데리고 외출하다가도 길을 못 찾아 뱅글뱅글 돌아가는 일이 흔하다. 그런데 은율이는 내가 길치라는 것을 모른다. 현재 같은 곳을 계속 돌고 있다는 것도 눈치채지 못한다. "은율아 엄마가 지금 길을 못 찾아서 헤매고 있거든. 기도 좀 해줘."라고 하면 "응!" 하고는 연신 싱글벙글한다. 엄마랑 외출한 자체가 마냥 좋은 것이다. 나는 건망증도 심한 편이다. 남들에게는 하도 민망해서 "아이 낳고 키우다 보니 잠을 못 자서 자꾸 까먹네요, 하하." 하지만 나는 어릴 때부터 그랬다. 초등학교 때 책가방을 안 가지고 등교한 적도 있다. 은율이도 요즘은 "엄마는 맨날 '아 맞다!'라고 해." 하며 나의 허당끼를 눈치 채고 있다. 나는 하나님의 섭리가 참 놀랍다고 생각한다. 이런 부족한 부모를 아이는 신으로 여기게 만드신 것 말이다. 이것은 부모에게 초능력을 발휘하게 하시기 위함이 아닐까 하는 상상을 해본다.

남편이 가장 행복해하는 순간이 있다. 바로 아빠가 집에 돌아오면 은율이가 전속력으로 달려 나가서 반길 때이다. 친정이 지방에 있어서 가끔 며칠씩 머무르다 기차역에서 만나면 은율이는 아빠에게 반갑게 달려가 안긴다. 나 역시 가장 행복한 순간이 은율이가 나를 찾을 때이다. 모순적으로 들리지만, 참 힘들기도 하고 가장 기쁘기도 한 순간이다.

은율이를 키우면서 나의 자존감이 많이 높아졌다. 나만 보면 웃어주는 은율이. "엄마, 세상에 엄마보다 좋은 사람 없어. 엄마는 예뻐요. 엄마는 친구 같아." 하며 나를 사랑해주는 딸 덕분이다. 사람은 나를 믿어주는 대상의 믿음에 보답하고 싶은 마음이 있다. 나를 세상의 전부로 생각하고 한없이 믿고 있는 딸이다. 그런 어린 딸에게 어찌 나의 한계를 넘은 사랑을 보이지 않을 수 있을까. 초인적인 사랑을 하지 않을 수 있겠는가.

어느 날 은율이가 "엄청"과 "평생"이라는 말을 자주 쓰는 것과 자신이 알고 있는 지식을 설명하려고 할 때 "~잖아. 그럼 이렇게 이렇게 되겠지?"와 같은 말을 자주 쓰는 것을 보았다. 나중에 깨달았는데 나도 의식하지 못했던 내 말투를 따라 하는 것이었다. 딸이 나의 모든 것을 그대로 흡수하고 있었던 것이다.

사춘기를 잘 넘기게 할 예방주사, 골든타임

아이들은 부모의 단점도 쏙 빼닮는다. 하나님은 사람이 갓 태어나는 순간부터 부모를 전적으로 믿도록 만드셨다. 그와 관련한 무서운 사실은 부모가 자신에게 나쁘게 한 행동마저 사랑으로 이해한다는 것이다. 이런 생각을 하면 부모의 자리가 얼마나 귀하고 떨리는 자리인지 알 수 있다.

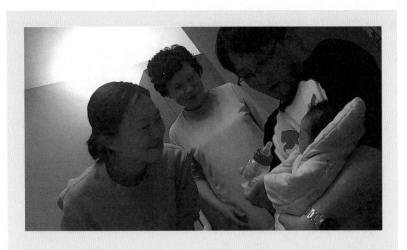

▶ 가장 먼저 은율이에게 우유를 먹인 남편. 은율이를 바라보는 친정 엄마와 친정 언니

아이를 키우는 일이 쉽지 않다고들 한다. 특히 청소년기 자녀를 둔 부모님들은 자녀들 키우기가 하나같이 너무나 힘들다고 말한다. 그런데 자녀를 잘 키우는 일이 마냥 힘든 일만이 되지 않도록 하나님이 디자인해 두신 것이 있다. 조금만 육아에 관심이 있다면 36개월이니 72개월이니 하는 말을 들어보았을 것이다. 바로 육아에서의 골든타임이다.

골든타임은 아이의 두뇌발달, 인격발달, 정서발달, 사회발달 등이 이루어지는 최적기를 말한다. 이 시기의 아이들은 그야말로 굳어지지 않은 클레이에 비유될 수 있다. 게다가 이 무렵의 아이들은 부모를 신으로 여긴다.

엄마인 나를 최고로 사랑하며 나의 모든 것을 흉내 낸다. 내 말이 진리인 줄 알고 따른다. 이 얼마나 절호의 기회인가. 나는 이 시간을 놓치는 엄마들을 보면 도시락이라도 싸다니며 말해주고 싶다. '지금 이 기회를 잡아야 합니다.'라고.

지금 아이가 엄마에게 매달리며 엄마가 최고라고 할 때 아이에게 좋은 씨앗을 많이 뿌려두면 좋겠다. 아이를 당당한 어른으로 커가게 할 자존감을 심어줄 수 있는 시기도 바로 이때이다. 책 읽는 아이로 키우고 싶다면 그것도 지금이 적기이다. 우리 부부에게서 닮지 않았으면 하는 모습이 있다면 그것을 개선할 수 있는 것도 지금이다. 시간을 들이고 정성을 쏟아야 한다. 아이가 아직은 스스로 할 수 있는 것이 많지 않아서, 나를 의지하며 조건 없이 웃어주는 이 시기, 그 연약함에 감사해야 한다.

다시 은율이를 낳은 순간으로 돌아간다면 신생아실에 은율이를 두지 않고 내내 나의 곁에 둘 것이다. 차가운 병원과 조리원 신생아실에 두지 않을 것이다. 모든 것을 흡수하는 놀라운 시간, 엄마의 뱃속에서 나와서 낯섦과 차가움을 느낄 은율이를 따뜻한 내 품에 안아줄 것이다. 태어난 그 날부터 얼마나 사랑하는지 날마다 귓가에 이야기해줄 것이다.

나를 의지하며 조건 없이 웃어줄 때, 그때가 골든 타이밍이다.

08

엄마가 밝으면
아이도 밝다

"너는 맨날 뭐가 그렇게 재밌니?" 눈을 떠서 잠들 때까지 신이 나 있는 은율이를 보며 남편이 자주 하는 말이다. 은율이는 정말 밝다. 생기발랄함 자체이다. 유머 감각도 아주 수준급이다. 은율이가 만든 유행어를 온 가족들이 사용할 정도이니 말이다. 말도 재잘재잘 많다. "엄마 내가 재밌는 이야기 해줄까?" 하면서 매일같이 나를 웃겨준다.

쾌활함은 아이들의 가장 큰 특징이라고 생각한다. 은율이만이 아니라 대부분의 아이는 다 낙천적이다. 또 다른 아이들의 특징 중의 하나가 유머 감각이다. 어른들에게는 미래에 대한 두려움, 과거에 대한 후회가 많다. 현재를 잘 즐기지 못하게 하는 걸림돌들이다. 하지만 아이들은 현재를 온전히 누린다. 나는 그런 은율이가 부러울 때가 많다.

밝다는 것은 그만큼 행복하다는 뜻이다. 행복이 밝음으로 드러나는 것이다. 또한, 유머라는 것이 힘든 순간을 이겨내는 데에 얼마나 큰 힘이 되는지를 우리는 모두 알고 있다. 유머 감각이 있는 사람은 비극도 코미디로 승화시킬 줄 아는 매력적인 사람이다.

육아라는 것도 마찬가지다. 나는 육아가 '행복해서 미치고, 힘들어서 미치는' 것이라고 생각한다. 그런 육아의 시간을 통과하게 해준 것이 바로 웃음과 쾌활함이다.

▶ 기관에 가지 않았기에 엄마와 한낮을 만끽했다. 놀이터 꼭대기에서. 28개월

모든 아이는 엄마를 닮고 싶어한다

나는 은율이가 인생의 어떤 순간에도 밝음을 잃지 않는 아이로 자라기를 바랐다. 부정적으로 태어나는 아이는 없다고 생각한다. 왜냐하면, 아이는 세상을 탐험하고 즐기도록 디자인되어 태어나기 때문이다. 그렇지 않으면 아기는 태어나서 생존할 수 없다. 세상이 신기하고 도전해보고 싶은 마음이 들어야 기어보고, 앉아보고, 일어서고, 걷고, 마침내 뛰는 것이다. 또한 무조건 부모를 믿고 사랑하기에 부모의 언어를 흉내 내서 말하기 시작한다.

삶에 대한 태도로 말하자면 그들에게 불가능은 없으며 자신이 최고라고 여긴다. 옆집 누구 다른 아이 이야기를 하면서 지나가는 말로 칭찬 비슷한 것이라도 하면 "내가 더 잘해!"라고 한다. "어머, 걔가 그림을 참 잘 그리더라." 하면 아이들은 "내가 더 잘 그려!"라고 하기도 한다.

한 번은 이런 일도 있었다. 남편이 은율이를 데리고 네 살 때 어린이 도서관에 갔는데 어떤 언니와 "내가 더 잘해." 경쟁이 붙었다고 한다. 급기야 그 언니가 "내 머리가 더 커!"라고 해서 남편이 박장대소했다는 이야기다. 그런데 은율이가 다섯 살이 되자 똑같은 말을 놀이터에서 하는 것이다. 어떤 친구를 향해 "내 머리가 더 커!"라고 하는 은율이를 보며 우리 부부는 한참을 웃었다. 이러한 것이 어린아이들의 특징이기에 아이들에게 밝음이야 당연한 것 아니겠는가. 이런 밝음을 타고난 아이들에게 엄마로서 해줄 수 있는 것이 무엇일까? 아이들에게서 부모의 모습이 비친다.

　한 번은 정말 사교적인 남자 아이 둘을 만났다. 은율이와 몇 살 차이가 나지 않는데 오빠라며 은율이를 잘 챙겨주었다. 아이들이 기특하고 예뻤다. 한참을 놀고 있는데 엄마가 아이들을 데리러 왔다. 역시나 그 엄마는 성품이 좋고 상냥한 사람이었다.

▶ 어린이날 아빠와 예술의 전당 내 잔디밭에서. 네 살

배움, 돌봄, 예술, 인간관계의 즐거움을 만끽하게 하자

내가 밝은 성향이기는 하지만 어떻게 나도 매일 기쁠 수가 있겠는가. 특히 육아를 하다 보면 수면과 식사가 불규칙하기 때문에 우울감이 오기 쉽다. 그래서 나는 은율이가 쾌활함을 유지하도록 하려고 의지적인 노력을 했다. 나와 보내는 시간이 은율이의 성격 형성에 큰 영향을 미칠 것을 알았기 때문이다. 마음이 지칠 때는 기필코 이 시간을 즐겁게 보내리라 마음먹기도 했다. 그러지 않으면 육아라는 것은 어느새 부정적인 생각들로 채워질 수도 있는 동전의 양면 같은 생활이기 때문이다. 돌아보니 이를 위해 내가 신경을 썼던 부분은 다음 다섯 가지였다.

첫째, 자신에 대한 긍정적인 마음이다. 나는 아침에 은율이가 눈을 뜨면 늘 딱따구리 뽀뽀를 하며 말해준다. "예쁜 은율아~ 일어났어요? 정말 예뻐. 은율이가 태어나서 엄마는 기뻐." 그러면 잠에서 막 깨어 따뜻하고 발그스레한 뺨을 한 은율이는 배시시 웃는다. 가장 깨끗한 마음상태일 때 사랑의 메시지를 듬뿍 받으면 긍정적인 자아상이 스펀지처럼 흡수된다고 생각한다.

둘째, 배움의 즐거움이다. 배움이 인생에서 얼마나 큰 즐거움인지를 알게 하려고 섣불리 교육기관을 접하게 하지 않았다. 우선 내 품에서 행

복하게 배우기를 원했다. 남과 비교해서 내가 더 많이 안다는 우월감이나 모른다는 수치심을 가지지 않게 하려고 노력했다. 주로 책을 통해 자연스럽고 즐겁게 세상에 대한 지식을 쌓게 했다. 거리에 나가면 온갖 것이 배움을 준다. 개미를 관찰하면서도 즐거운 것이 아이들이다.

셋째, 생명을 돌봄으로써 얻는 즐거움이다. 아이를 키우면서 강아지를 함께 기른다는 것이 쉽지는 않지만, 강아지 입양을 결정했다. 은율이는 엄마가 자신을 돌보는 것을 흉내 내어 강아지를 돌본다. 내가 강아지를 훈련시키느라 엄하게 하면 막아서고 강아지를 달래주기도 한다.

강아지 이외에 사슴벌레, 새, 물고기도 키우고 있는데 그 친구들에게 먹이 주는 일은 은율이가 도맡아서 하고 있다. 새끼를 밴 구피를 관찰하고 눈에 잘 보이지도 않는 치어를 발견해서 다른 물고기와 분리해 주기도 한다. 장래 희망이 사육사일 정도로 동물과 곤충을 좋아하는 은율이는 여러 생명을 돌보며 행복해한다. 상상력과 감성이 폭발하는 시기라 동물과 곤충의 마음을 잘 헤아린다.

넷째, 예술의 즐거움이다. 인생을 행복하게 살아가는 데 있어 예술을 빼놓을 수 없다. 그중에서 음악과 미술은 어린아이도 쉽게 접할 수 있다. 은율이가 네 살 때 어느 연세 지긋하신 교회 집사님께서 젊을 때부터 갖고 계시던 클래식 엘피판 여러 장을 인터넷 중고 사이트에 좀 팔아달라고 부탁하셨다. 훑어보니 아주 훌륭한 음반들이었다. 저렴한 가격에 내가 사기로 했다. 잔잔한 음악부터 웅장한 곡까지 은율이에게 골고루 들려주었다. 그 중 은율이는 네 살이 되던 해의 크리스마스 무렵에 이모와 함께 보러 간 호두까기 인형의 연주곡을 가장 좋아한다.

다섯째, 인간관계에서의 즐거움이다. 모든 즐거움 중에서 가장 소중하고도 중요한 것은 관계의 즐거움이다. 그중에서 부모와의 관계가 주는 행복을 자주 느껴야 한다. 나는 은율이가 아주 어렸을 때부터 직장에 있는 남편에게 은율이의 발달사항이나 소소한 에피소드들을 실시간으로 전달해주었다. 비록 몸은 사무실에 있어 멀리 떨어져 있지만, 딸과의 긴밀한 관계를 유지하게 하기 위함이었다. 특히 은율이가 아빠를 많이 찾은 날이나 아빠를 보고 싶어 하다가 잠든 날은 꼭 "아빠 찾다가 잠들었어."라고 이야기해주었다.

임신 기간을 포함하여 아이를 낳은 직후에도 친정에 혼자 쉬러 내려가지 않았다. 7개월 즈음 되어서야 처음으로 아이를 데리고 혼자 친정에 갔다. 아빠와의 관계가 소원해지도록 하지 않기 위해서였다. 그 덕분인지 은율이는 아빠와의 관계가 긴밀하다. 아빠와 관계가 좋으면 아이들의 사회성이나 자존감 면에서 도움이 많이 된다. 엄마들도 사회생활을 하는 경우가 많지만, 일단 아이들에게는 아빠가 사회생활을 하는 존재라는 인식이 강해서 그런 아빠와 관계가 돈독하면 사회생활에 자신감을 갖기 때문이다.

나는 요즘 잠을 몇 시간밖에 못 자며 책을 쓰고 있다. 하지만 나는 아주 기쁘다. 힘들다는 생각보다는 책이 세상에 나온다는 기쁨, 즉 밝은 면을 보기 때문이다. 아이는 지금 내가 책을 쓰는 동안에도 내 등과 목에 매달려 까르르 웃으며 장난칠 정도로 밝고 명랑하다. 원고 여기저기에 토끼 그림을 그리며 신나한다. 아이 때문에 글을 못 쓰겠다고 불평하지 않는다. 글을 쓸 수 있는 원동력을 준 것이 바로 이 밝은 빛, 은율이기 때문이다. 엄마의 밝은 얼굴은 아이가 비추는 빛 때문이다. 엄마가 그저 그 아이의 빛을 반사해주기만 하면 아이는 그 빛으로 다시 세상을 밝히는 존재로 성장할 것이다.

엄마와 아이, 서로에게 빛이 된다.

3 장
—

아이를
사랑한다면
착한 아이로
키우지 마라

옳은 가치관과
인성을 가지게 하라

남편은 직업상 학교폭력사건을 다루기도 하는데, 이 때문에 종종 학교폭력위원회에 참석한다. 남편의 이야기에 따르면 학교에서 문제를 일으키는 학생 대부분은 가정에서 이미 깊게 상처받으며 자란 경우가 많다고 한다. 김양재 목사님의 『문제아는 없고 문제 부모만 있습니다』라는 뜨끔한 제목의 책이 있다. 가정이 아이의 바른 성장에 얼마나 중요한 역할을 하는지 제목에서부터 함축되어 있다.

책 육아로 은율이를 키운 나는 수없이 많은 책을 아이에게 읽어주었다. 책은 전부 다양한 방법으로 유익하고 교훈적인 내용을 전달한다. 하지만 이렇게 좋은 콘텐츠가 많아도 결국 아이들이 따라 하고 닮게 되는 것은 부모의 뒷모습이다. 아이들이 어릴수록 그렇다. 착한 아이의 반대말을 '나쁜 아이', '제멋대로 행동하는 아이'라고 생각할 수도 있다. 하지만, 나는 그런 의미로 착한 아이라는 말을 쓴 것이 아니다. '착한 아이'라는 말에 함축된 의미는 '엄마의 틀을 벗어나지 못하는', '주도적인 삶을 살지 못하는', '남의 눈치를 보는' 것과 같은 것들이다.

▶ 일흔이 넘은 연세에도 색소폰을 연주하시는 열정과 유머의 외할아버지

아이들은 부모의 말과 삶을 통해 배운다

가치관이라는 것은 아이에게 말로만 가르칠 수 없는 부분이다. '지출 명세서가 그의 가치관을 보여 준다'라는 말이 있다. 어떤 이가 돈과 시간을 쓰는 영역을 보면 그 사람의 삶의 우선순위를 알 수 있다는 것이다.

내가 아는 선교사님들 가운데 그분들의 자녀가 훌륭하게 자란 경우가 많이 있다. 중국의 오지나 낙후된 나라에서 선교활동을 하는 바람에 자식들마저 열악한 환경에서 제대로 교육받지 못했는데도 그 자녀들이 좋은 학교에 가고 모든 부모가 꿈꾸는 직업을 갖고 살아간다. 가난하고 힘든 사람들을 돕는 부모의 뒷모습을 보며 아이들이 스스로 정직하고 성실하게 커 간 것이다.

내 자식 잘되라고 엄마들이 공부에만 열심이면 공부 잘하는 아이로 키울 수는 있다. 하지만 아이의 평생 가치관도 그와 함께 결정된다는 것을 알아야 한다. 공부, 성과, 또는 능력으로 자신을 평가하고 타인에게 잣대를 대는 것 말이다. 부모의 언어습관이나 편견이 아이들에게 그대로 이식되기도 한다.

어느 날 남편의 회사와 집이 너무 멀어 이사 갈 동네를 알아보고 있었다. 남편이 걸어서 다닐 수 있는 거리에 집을 구하고 있었는데 그곳은 학군 좋기로 유명하고 소위 부유층들이 많이 산다는 매우 안전한 동네였다. 어느 날 그 동네를 잘 아는 동생과 통화를 하게 되었다. "언니, 근데 '빌거'라는 말 들어봤어? 우리 조카가 어느 날 '빌거'라는 이야기를 하길래 언니가 놀라서 물어보니 '빌라 거지'라는 말이더래. 그게 뉴스에도 이미 나온 내용이야. 그 동네는 빌라에 살면 그렇게 부른대." 놀이터에서 아이들끼리 몇 평에 사느냐고 묻는다는 이야기는 익히 들었지만, '빌거'라는 단어에는 적잖이 충격을 받았다. 게다가 우리 부부가 가진 돈은 그 동네 아파트 전세금으로는 턱없이 부족했다. 결국 공항 근처의 한적한 동네로 이사를 왔다. '어느 지역 사람들은 성품이 나쁘다'거나 '어떤 직업은 좋지 않다'는 말도 삼가야 한다. 아이들은 부모의 말을 진리로 여긴다.

▶ 아쿠아리움에 다녀오던 길에 외할머니와, 26개월

또 하나, 남의 외모에 대한 것뿐 아니라 자녀의 외모에 관해 이야기할 때도 주의해야 한다. 외모를 주제로 농담 삼아 이야기하는 것은 위험하다. 내가 아는 분의 중학생 딸 이야기다. 딸은 코로나로 인해 온라인 수업을 듣다가 얼굴도 본 적 없는 오빠와 연애 감정에 빠졌다. 우연히 딸의 문자를 보고 이 사실을 알게 된 지인의 남편은 연락을 금지했지만 딸은 부모 눈을 피해 계속 '오빠'와 연락했다. 그런데 딸의 사진을 받은 그 오빠가 더 연락을 하지 않자, 딸은 자신의 못난 외모 때문이라며 비관하기 시작했다고 한다. 이 사건을 겪으며 지인의 남편은 한동안 깊은 생각에 빠졌다고 한다. 애정결핍 아이처럼 오빠에게 푹 빠지는 딸을 보며 그동안 우스갯소리로 여러 번 딸의 외모를 놀린 것과 딸에게 스킨십 등으로 사랑을 표현하지 않은 잘못을 뉘우쳤다고 한다.

존중을 통해 자존감을 형성한 아이가 올바른 인성을 가진다

두 번째로 인성에 대한 이야기를 해보자. 요즘은 시대가 많이 변했다. 전처럼 토익 점수, 학점, 학교 이름만으로 인재를 채용하는 시대는 지났다. 어느 대기업이 도입한 재미있는 인재 채용 방식을 소개하려고 한다. 그 회사는 지원자들을 여러 그룹으로 나누어서 각자 그룹에서 조장을 뽑게 했다. 1박 2일로 진행된 그 과정에서 지원자들은 소그룹 내에서 여러 주제에 대해 토의하는 등 다양한 조별 활동을 하게 되었다.

표면적인 소그룹 활동의 목적은 토론과 문제해결이었지만 면접관들은 지원자들의 인성을 파악하는 것에 목적을 두었다. 상대를 배려하는가, 경청하는가, 공감하는가, 따뜻한 분위기를 만드는가, 섬기는 리더십을 보여 주는가 등 지원자 인성의 구체적 면면을 보려고 한 것이다. 이동할 때, 식사할 때, 쉬는 시간에 어떻게 하는지를 보며 진정한 인성을 파악하고자 한 것이다.

올바른 인성을 어떻게 키울 것인가? 나는 첫째도 존중, 둘째도 존중, 셋째도 존중이라고 외치고 싶다. 앞서 예로 든 '학교폭력위원회의 아이들'이나 '낯선 오빠에게 빠진 딸' 사건이 벌어진 이유가 무엇일까? 단언컨대 나는 존중의 부족이라고 생각한다. 부모로부터 존중을 받지 못한 아이들은 올바른 자존감을 형성하지 못한다. 자존감이 낮으면 우월감과 열등감을 왔다 갔다 하며 평생을 불안하게 살아간다. 자신을 좋아해 주는 사람에게 지나치게 빠지는가 하면 자신을 좋아하지 않는 사람에게 집착하기도 한다. 그러다가 뜻대로 되지 않으면 상대를 탓하며 폭력적 성향을 드러내기도 한다.

자존감은 자신을 소중히 여기고 아끼는 마음이기에 그것이 부족하면 나쁜 친구들과 어울리기도 하고 중독에도 빠진다. 흔히 세상이 자기 뜻대로 되지 않는다는 것을 일찍부터 가르쳐야 한다며 유아기 때부터 기관에 보내서 사회의 현실을 깨닫게 하라는 위험천만한 말을 하는 사람들이 있다. 자신이 소중함을 깨달은 아이들은 어떤 상황에서도 자신을 지키는 내면의 힘이 있다. 그것을 먼저 길러주는 것이 옳은 순서이다. 세상에는 자신을 환영해주는 사람도 싫어하는 사람도 있다. 그때 아이가 중심을 지키고 당당하게 살아가게 하려면 어려서부터 단단한 자존감을 심어주어야 한다.

아이의 외모를 가지고 농담 삼아 이야기해서는 안 되는 것과 마찬가지로 바른 인성을 심어줌에 있어 아이의 타고난 성격에 대해서 비난하는 말을 해서는 안 된다. "왜 이렇게 느려 터졌니?", "무슨 애가 그렇게 고집이 세니?", "맨날 이랬다저랬다 하니까 정신이 없어."와 같은 말들은 아이의 타고난 장점의 싹을 잘라버린다. 느린 아이는 신중하고 섬세할 수 있다. 고집이 센 아이는 기필코 품은 뜻을 이룰 수 있다. 이랬다저랬다 하는 아이는 창의적이고 융통성 있는 21세기형 인재이다.

아이의 타고난 성품의 단점만을 보며 비난하는 엄마는 아이의 타고난 재능의 싹만 자르는 것이 아니다. 아이가 다른 사람의 단점만을 보는 부정적인 사람으로 커가게 한다. 누군가의 재능을 알아보는 능력을 꺾어버린다. 참 슬픈 일이다. 먼 얘기 같지만, 자녀가 좋은 배우자를 고를 안목을 갖길 원한다면 오늘부터 아이의 장점을 찾아 이야기해주면 좋겠다.

나는 은율이의 가장 큰 축복을 좋은 할아버지와 할머니를 둔 것이라고 생각한다. 양가 할아버지, 할머니 모두 훌륭한 성품을 가지신 분들이다. 친할아버지의 한결같음, 친할머니의 현명함, 외할아버지의 유쾌함과 열정, 외할머니의 세심함과 따뜻함. 시부모님의 한결같음을 닮은 남편은 은율이에게 안정감을 준다. 정이 많은 친정 부모님을 닮은 나는 은율이에게 따뜻함을 몸소 가르쳐준다. 양가 부모님 모두 돈, 성공, 외모를 가치관으로 두지 않으신다. 성실, 신앙, 사랑이라는 최고의 가치와 따스한 성품을 보여주신 부모님들께 감사드린다.

▶ 두 번째 생일. 친할아버지, 친할머니, 고모와 함께

나도 모르게 아이가 닮아갈 내 뒷모습을 생각하면 한순간도 허투루 살 수 없다.

아이에게 억울함,
분노가 쌓이게 하지 마라

얼마 전 책을 쓰기 위해 카페에 앉아있는데 학원 선생님으로 보이는 여성분 셋이 내 근처에 있었다. 한 분이 버릇없는 학생과의 일화를 흥분한 목소리로 이야기했는데 흔한 내용이라 생각하고 흘려듣다가 말을 받던 다른 분의 이야기에 귀가 뜨였다.

"요즘 애들 핸드폰 열어보면 엄마 욕이 진짜 많대요. 나도 얼마 전에 들었는데, 딸 핸드폰에 자기 욕이 너무 많아서 그 엄마가 기절했잖아." 그러면서 그분이 그 문자 내용을 그대로 인용하는데 민망하기도 하고 정말 가슴이 아팠다. 아이들이 무슨 억울함과 분노가 그렇게도 많아서 친구끼리 자기 부모에 대해 험한 욕을 주고받는단 말인가.

엄마들은 분명히 그 시간에도 자식 잘되라고 본인 나름의 최선을 다하고 있을 터였다. 어릴 때 "엄마, 엄마!" 하며 귀엽게 따라다녔을 것을 상상하면 기가 막힌 일이다. 그 사이에 무슨 일이 있었기에 한없이 예쁘던 우리 아이들이 엄마에 대해 상스러운 욕을 해대는 상황까지 이르게 된 것일까.

직장생활을 하며 내가 가장 힘들었던 부분은 풀리지 않는 오해 때문에 생긴 억울함 같은 감정 때문이었다. 간절한 마음으로 입사한 일터에서 업무로 인한 오해와 갈등이 쉽게 해결되지 않는 상황이 지속되면서 점차 직장생활에 회의를 느끼게 된다. 조직 생활이라는 이유로 상사에게 하고 싶은 말을 하지 못하고, 성실하게 일했는데도 오해가 생기면 분노가 쌓이게 마련이다.

존중받지 못한 아이들은 결국 폭발한다

그래서 아이들이 엄마 욕을 하듯이 직장인들은 상사나 동료 욕을 한다. 그렇다면 아이들을 어떨 때 분노나 억울함을 느끼게 되는 것일까. 나는 지인들이 "애가 갑자기 달라져서 어떻게 해야 할지 모르겠어요."라는 이야기를 하는 것을 여러 번 들었다. 청소년 자녀를 둔 한 엄마는 심지어 집을 나가버리고 싶다는 말도 했다.

"지금까지는 정말 말도 잘 듣는 착한 아이였고, 하라는 대로 공부만 했는데 갑자기 학원도 안 가고 늦도록 친구들끼리 돌아다녀요. 아침에는 일어나려고 하지도 않아요."라며 발을 동동 구르는 부모들이 많다. 갑자기 문제아로 전락해 엄마가 학교에 상담을 가고 자퇴만은 하지 말아 달라며 애원하는 상황이 된 것이다.

나는 그런 이야기를 들으면 영유아 시절에 부모가 아이와 어떤 관계를 맺었는지를 가장 먼저 물어보고 싶다. 혹시 아이에게 억울함과 분노를 자주 느끼게 하지는 않았는지 궁금하다. 아이에게 억울함과 분노를 주는 요소 두 가지를 생각해보았다. 첫째는 화, 그리고 둘째는 무시이다.

첫째로 '화'에 대해서 이야기해보자. 웨인 다이어의 『모든 아이는 무한계 인간이다』라는 책에 보면 갓난아이에게 화를 내며 야단쳐서는 안 된다고 한다. 놀라운 사실은 갓난아이에게 큰소리로 야단을 치면 아기의 마음에 분노가 쌓인다는 것이다. 갓난아이는 주위에서 일어나는 싸움을 자신에게 향하는 폭력으로 생각하기 때문이다. 그래서 어떤 순간에도 아이에게 화를 내는 것은 좋지 않은 방법이며 사랑스러운 말로 속삭이는 것이 최고의 일이라고 책에서는 말한다.

아이는 스스로 인격을 형성하는 것이 아니라 양육 환경에 의해 인격이 형성된다는 것을 반드시 기억했으면 좋겠다. 폭력적인 환경에서 자라난 아이는 지나치게 소심하거나 불안이 많은 사람으로 성장할 수 있다. 또는 반대로 폭력적인 사람으로 성장할 수도 있다.

▶ 성경책을 읽어주자 미소짓던 갓난아기 시절

나는 어린 시절의 '화'에 대한 이야기가 나오면 톱스타 이효리 씨가 토크쇼에서 했던 이야기가 떠오른다. 성품이 좋기로 유명한 남편 이상순 씨에 대한 이야기였다. "시부모님은 지금도 금슬이 좋으세요. 남편이 커오면서 단 한 번도 부모님이 싸우는 모습을 못 봤대요. 그러니까 '화'라는 것이 남편에게 들어올 기회가 없었던 거예요."라며 남편이 온유한 성품을 가질 수 있었던 이유를 설명했다.

그 이야기를 들으며 나도 은율이가 아무리 어려도 은율이 앞에서 남편과 다투거나 남들에게 화내는 모습을 보이지 말아야겠다고 생각했다. 토크쇼를 보더라도 이런 부분에 귀가 활짝 열리는 것을 보면 난 자녀 양육에 참 관심이 많은 엄마다.

양육은 착한 아이 만들기 프로젝트가 아니다

둘째로 '무시'에 대해 이야기하고 싶다. 나는 양육을 '착한 아이 만들기 프로젝트' 정도로 이해하는 부모를 만나면 안타까운 마음이 생긴다. 그런 분이 기쁨을 느끼는 순간은 아이가 내 말을 들을 때이고, 고민의 순간은 아이가 내 말을 안 들을 때이다. 어릴 때는 아이의 의견이나 감정을 무시함으로써 그 프로젝트를 완성할 수 있었는데 커갈수록 그게 마음대로 안 된다.

아이가 점점 이상하게 변해간다는 것이 그분들의 주된 호소인데 아이들이 이상해져 가는 것이 아니라 비로소 정직하게 반응하는 것이다. 싫다는 것을 아이에게 억지로 시킨 적은 없는지, 엄마의 스케줄에만 맞춘 채 허덕이게 한 적은 없는지 또는 형제자매와 비교하는 말로 아이를 무시하지는 않았는지 돌아보았으면 한다.

아이 키우는데 '엄마가 하고 싶은 말도 못 하느냐', '바쁜데 그럼 애가 하자는 대로 다 하라는 말이냐'라고 할 수도 있다. 하지만 비슷한 상황에서 우리가 친구나 다른 성인에게 어떻게 대하는지를 생각해보면 답이 나온다. 아무리 사이가 좋지 않은 관계에서도 "조용히 해!"라고 말하는 경우는 거의 없다. 직장 상사도 부하 직원에게 그렇게 말하는 경우는 드물지 않을까.

꾸준히 무시당해온 아이는 똑같은 방식으로 부모를 대할 것이다. 점점 자아가 형성되고 신체적으로도 강해지면서 그동안 당했던 것이 부당하다는 생각에 폭발하는 것이다. 아주 어려서부터 아이를 인격체로 대해야 한다는 말을 이 책을 쓰는 내내 거듭 강조하는 이유이다.

무시라는 것은 단순한 윽박지르는 말만 일컫는 것이 아니다. 아이의 선택을 존중하지 않는 것도 포함한다. 이 책의 1장과 3장에 아이에게 선택권을 주는 일이 육아에 있어 얼마나 긍정적인 영향을 끼칠 수 있는지를 알 수 있는 나의 경험을 나누었다. 아이의 의견을 묻고 존중해준 과정을 통해 자연스럽게 자존감과 독립심도 길러줄 수 있다.

오늘부터 아이 대신 선택하는 일을 멈추고 아이에게 먼저 물어보자. 운전을 가르치고 배울 때 '평소에 대하기 어려운 사람'끼리 하라는 말이 있다. 가령 장모님과 사위 같은 경우이다. 편한 사이에서는 운전을 가르치다 무시하기 쉽다. "어휴 답답해! 거기서 그렇게 하면 어떡해! 핸들 줘 봐!" 하며 가르치는 사람은 절제하지 못하고 화를 낸다. 급기야 배우는 사람도 "너한테 안 배운다!"라며 차에서 내려버리기도 한다.

우리가 아이를 대하는 방식이 이렇지는 않은지 생각해보면 좋겠다. 내가 더 많이 아니까 아이에게 자꾸 화를 내게 되고, 아이와 내 삶이 분리되어 있지 않으니 사랑한다는 이유로 분노를 포장하기도 한다.

▶ 은율이 앞에서 웃음을 감추지 못하는 '딸 바보' 남편. 은율이의 눈높이에서 대화해줘서 늘 고마움을 느낀다. 네 살 여름휴가

그럼 가장 좋은 해결책은 무엇일까? 우리가 원하는 것이 무엇인지 생

각해보면 답은 의외로 매우 간단하다. 우리는 직장에서 어떤 상사를 가장 좋아했는가? 바로 대화가 잘 되는 상사이다. 대통령 역시 소통이 잘 되는 사람을 온 국민이 원한다. 내가 약한 위치에 있을 때 나에게 친절했던 윗사람을 우리는 평생 잊지 못한다.

아이는 결코 아이로만 머물지 않을 것이며, 차곡차곡 부모로부터 받은 것들을 저장한 후 만기일에 그대로 부모에게 돌려줄 것이다. 그것도 이자까지 붙여서 말이다. 그것이 복리가 가산된 기분 좋은 채권이 될지 변제기가 도래한 숨 막히는 고리사채가 될지는 부모의 선택에 달린 것이다. 주위의 나쁜 친구 탓도 교육 기관 탓도 시댁이나 처가의 유전자 탓도 아니다. 반항하기 시작해서 걷잡을 수 없는 아이를 보며 쩔쩔매는 부모가 아니라 어릴 때부터 아이를 존중해주는 지혜로운 부모가 되자.

머리 굵어진 아이가 반항하기 시작하면서 쩔쩔매는 부모가 되지 않으려면 어릴 때부터 존중해주어야 한다.

당신은
원칙주의자 부모인가?

대학교 때 MBTI라는 성격유형 검사를 해본 적이 있다. 검사 결과 나의 성향은 ENFP로 나왔다. 이 유형을 가진 이들은 외향, 직관, 감정, 인식형의 사람들이다. 대조적인 성향으로는 ISTJ가 있는데 이는 내향, 감각, 사고, 판단형을 뜻한다. 결과에 따르면 나는 호기심이 많고 창의적인 사고를 하는 사람이다. 가장 발달한 성향이 직관이며 당장 눈앞에 보이는 현실에만 집착하지 않고 그 너머의 세계를 보려고 하는 사람이다. 공감능력도 뛰어나며 다른 사람들과 잘 지낸다고 한다.

온갖 좋은 소리가 결과지에 있어서 기분이 참 좋았다. 그런데 다음 줄을 보자 뜨끔했다. 바로 "자유로운 사고를 하는 사람이라 전통적인 규율을 따르는 것에 다소 거부감이 있다. 독창적인 것을 좋아하고 불필요한 규칙에서 벗어나기 위해서 다양한 방법을 시도하는 면이 있다."는 부분 때문이다.

그렇다, 나는 즉흥적이고 변화를 좋아하는 사람이다. 그것은 나의 장점이자 단점이기도 하다. 딴생각을 하다가 내릴 정거장을 지나치기도 하고 똑같이 반복되는 일상을 지루하게 느끼기도 한다.

▶ 아이가 집안일에 참여할 기회를 많이 주려 노력했다. 아빠와의 식탁 조립. 다섯 살

나와 반대의 성격을 가진 사람을 부러워한 적도 있지만, 이런 내 기질이 아이를 키우는 데 있어서 커다란 장점이 될 수도 있음을 깨달았다. 새

로움을 좇는 내 성격은 은율이의 샘솟는 호기심을 따라가기에 충분했고 나 역시 단조롭고 반복되는 육아로 인해 겪는 스트레스로부터 한 발 벗어날 수 있었다. 자연스럽게 잔소리 같은 것도 하지 않게 되고 힘겨루기를 하는 일도 거의 없다. 아이라는 존재가 갖는 생기발랄함과 자유분방함이 이런 내 기질과 잘 맞는다.

죽고 사는 문제가 아니라면

어느 날 친한 언니와 지하철을 타게 되었다. 나는 '착한 아이로 키우지 마라'라는 주제로 요즘 책을 쓰고 있다고 했다. 그 언니는 책의 주제를 듣자마자 반색을 하며 자신이 아이를 그렇게 키우지 못해서 아쉽다고 이야기했다. '착한 아이'로 자라온 자신은 자유분방한 10대 자녀를 키우기가 너무나 힘들다고 했다. 착한 아이로 키우지 않는다는 게 구체적으로 어떤 것인지 물길래 때마침 나는 지하철을 예로 들었다.

지하철에서 누군가 예쁜 강아지를 이동형 가방에 담아서 가고 있다. 내려야 하는 역이 가까워져 오는데 아이가 조금 더 그 강아지를 보고 싶다고 하면 어떻게 할까. 나는 한 두 정거장쯤 그냥 지나쳐도 기다릴 수 있다고 했다. 일정이 조금 늦어진다고 해도 그것이 죽고 사는 문제가 아니라면 말이다. 철칙은 아이를 인격적으로 대해주는 것이라고 말했다.

아이들은 표현 능력이 세련되지 못해서 과하게 표현할 때가 많은데 부모들은 이럴 때 아이가 떼쓰는 것 정도로 생각하며 무시하고 쉽게 제어하려고만 한다. 아이가 서툰 감정표현을 통해 실제로 전달하고 싶은 것이 무엇인지 알아채려고 노력하고 순수한 감정 그 자체를 존중하려 애쓴다고 이야기했다. 이야기를 하다 보니 너무 진부해져서 눈치를 보게 됐는데 그분은 골똘히 생각하더니 다음과 같이 이야기했다.

"내가 아이를 그렇게 키웠어야 했는데. 난 말하자면 정말 원칙주의자였거든요. 아기일 때부터 잠도 내가 정한 시간에 무조건 재웠고 떼쓰는 것은 용납하지 못했어요. 아이들이 얼마나 갑갑했을지 요즘 깨달아요."

엄마들의 상담 사례에 가장 많이 등장하는 것이 '힘겨루기', '아이의 고집' 같은 것들이다. 꼭 밥을 먹어야 하고, 몇 시까지만 놀이터에서 놀고, 절대 지각하면 안 된다는 것과 같은 엄마들의 기준이 있으니 어찌 힘겨루기가 생기지 않겠는가. 엄마의 틀에만 갇혀 생활이 돌아가는 아이는 답답함을 느낄 것 같다.

원칙 vs 창의, 새로운 기회, 융통성, 자율성

나는 원칙주의의 반대말들을 떠올려 보았다. 첫 번째는 창의다. 늘 하던 대로의 방식을 바꾸면 창의적인 아이디어도 생긴다. 나는 일부러 은율이 방의 분위기를 종종 바꾸어준다. 이사나 대청소가 아닌 날 일부러 그렇게 해본다.

어느 날 이젤의 위치를 바꾸어 놓았더니 은율이는 한동안 잘 앉지 않던 이젤에 앉아서 그림을 쓱쓱 그렸다. 그날 그린 그림이 무척 독특하고 재미있다. 변화를 통해 창의적인 아이디어가 떠올랐던 것이다. 은율이도 꼬마 사육사인 자신이 돌보는 동물과 곤충들의 집 위치를 요리조리 바꾸어 보고 변화를 주며 무척 흐뭇해한다.

두 번째는 새로운 기회이다. 반려견 하트 미용도 꽤 비용이 드는 일이다. 그래서 강아지 미용을 하러 가더라도 절대 다른 소품들에는 눈길을 주지 않는다는 원칙이 있다. 그런데 어느 날 은율이가 미용하는 틈에 강아지 소품 판매대로 다가갔다. 나는 내심 불안했다. "엄마! 이거 봐봐. 하트 이거 목에 걸어주면 좋아하겠다." 하면서 딸랑딸랑 소리가 나는 방울 목걸이를 가져왔다. 잘 설득하면 내 말을 들을 것 같지만, 미용해주시는 원장님께 일단 가격을 물어보았다.

그러자 의외의 대답이 들려왔다. "갖고 있던 건데 예뻐서 걸어놓았어요. 그냥 선물로 드릴게요." 나는 정말 기뻤다. 은율이도 기뻐했음은 물론이다. 이렇게 내 원칙을 깨고 아이의 말을 들어주다가 수지가 맞는 경우가 가끔 있다. '하나님이 순수한 아이들 편이어서 그런 걸까?' 하는 생각이 들 정도로 말이다.

　세 번째는 융통성이다. 융통성은 성공하는 사람들의 특징으로도 잘 알려져 있다. 유연한 사고는 21세기에 반드시 요구되는 덕목이다. 꼭 밥으로 끼니를 때워야 하고, 간식은 무조건 식후에, 정해진 식단에서 절대 벗어나서는 안 된다면 삶은 재미가 없을 것이다. 더욱 중요한 일이 생겼을 때나 다른 이벤트가 있을 때 엄마가 유연히 대처하는 모습을 보며 아이도 융통성이라는 것을 몸소 배울 것이다.

▶ 엘사 드레스를 입고 물감 놀이를 하며 자유롭게 보내던 시절. 34개월

네 번째는 자율성이다. 은율이가 한창 목욕하기 싫다고 하던 때가 있었다. 욕조에서 물놀이하는 것을 늘 좋아했는데 말이다. 나는 아이와 싸우지 않았다. 아이는 내가 목욕하길 원한다는 것을 누구보다 알고 있었고 그 이유 또한 알았다. 그런데도 싫다니 억지로 시키고 싶지는 않았다. 그렇게 사흘을 내버려 두었다. 그랬더니 먼저 와서 "엄마, 나 목욕할래. 찝찝해."라고 했다. "그거 봐!"라고 잔소리하지 않고 스스로 더러움(?)을 깨달은 아이에게 따뜻한 목욕물을 받아주었다.

결혼해서 살아본 사람은 안다. 내 원칙과 기준이라는 것이 배우자의 그것과 얼마나 다른지. 내 기준이 과연 아이가 평생 금과옥조로 받들며 살아야 하는 진리인지도 생각해보아야 한다. 내 태도와 기준이 형성된 뿌리를 한 번 찬찬히 들여다보면 어떨까. 그 원칙은 원래 내 것이 아니었을 수도 있다. 누군가로부터 영향을 받은 것일 수 있다는 이야기다. 뒤지지 않는 학력, 모나지 않은 성격, 안정적인 직장 또는 수입 등, 모범적인 생각에 갇혀서 원칙을 내세우면 아이는 부모의 틀을 벗어나기 힘들 것이다. 아이가 살아갈 세대에도 그 기준이 통할까?

이왕에 원칙을 강조하고 싶다면 그 원칙의 폭을 아예 넓혀보는 건 어떨까. 모든 사람은 인격체라는 사실. 죽고 사는 문제가 아니라면 조금 자유로워도 좋다는 원칙 같은 것 말이다. 누구에게나 처음 해보는 것, 남과 다른 길로 가는 것은 두렵다. 아이에게 변화를 허용해주며 격려하는 것은 지금껏 해보지 않은 것을 도전해볼 수 있는 원동력이 된다. 아이를 큰 틀에서 자유롭게 자랄 수 있도록 했으면 좋겠다.

아이의 한계 없는 생각과 감정을 부모의 원칙이라는 상자에 가두지 말자.

아이에게 실수할
특권을 주라

어느 40대 초반의 주부가 나에게 남편에 대한 고민을 나누었다. '바른 생활 사나이'인 남편은 아이에게 입버릇처럼 실수하지 말 것을 주문한다는 것이었다. 어느 주말 아침 아이와 남편이 물고기 어항의 물을 갈아주고 있었는데 낑낑거리며 대야에 물을 담아서 걸어오는 아이에게 남편은 "흘리지 말고 잘 갖고 와~."라고 했단다. 자주 듣는 남편의 말투였지만 내심 못마땅하게 느껴졌다고 한다.

'바른 생활 사나이'처럼 우리도 무의식적으로 아이에게 그런 말을 자주한다. "실수하지 말고 잘해.", "흘리지 말고 먹어.", "쏟지 않게 조심해." 우리 자신에게도 이런 종류의 강박이 있다. "좋은 엄마가 되어야 해. 아이에게 화내면 안 돼. 물건을 잘 골라야 해."

나는 그 주부에게 다음과 같이 말해주었다. "바르게 장성한 착한 남편이기에 그렇게 말씀하실 수 있어요. 남편분도 아빠 되기가 처음이지요. 아이에게 실수해도 괜찮다는 메시지를 주시고 싶은 것처럼, 남편의 실수도 넉넉하게 이해해 주세요. 기회가 되실 때 이 부분에 대한 대화를 나누시면 좋겠어요."

조언하시기 전에 주말에 아이가 좋아하는 물고기 어항의 물을 같이 갈아주는 아빠의 자상함을 먼저 칭찬해드리라는 이야기도 빠트리지 않았다. 물론 그 후로도 남편은 종종 같은 실수를 했지만 아차 하는 순간에는 꼭 아이를 안심시키는 멘트를 빠트리지 않는 재치를 발휘한다는 이야기를 들었다.

실수는 배우고 발전하는 아이의 특권이다

실수라는 말은 부정적이고 특권이라는 말은 매우 긍정적이다. 아이들의 실수는 부모의 태도에 따라 특권이 될 수 있다. 이는 착한 아이가 아닌 당당한 아이로 커가기 위해 아이가 반드시 가져야 하는 권리이다.

가정에서 엄격한 교육을 강조하는, 은율이와 같은 또래의 아이를 키우는 엄마가 있었다. 우연한 기회에 가정교육에 대한 화제로 이야기를 나누는데 그녀는 다음과 같이 자랑스럽게 이야기하는 것이었다. "집에서 엄격하게 큰 아이들은 밖에서 사고를 안 치더라고요.", "저녁 아홉시가 돼서 회초리를 들고 '맴매'라고 하면 바로 잠자리에 누워요."

날마다 읽고 싶은 책을 끝없이 가져와서 실컷 보고 잠드는 은율이의 삶과는 대조적이었다. 이것저것을 탐험하며 지내야 할 시기에 과연 아이의 마음은 어떨까 생각해보았다. 늘 번호대로 가지런히 꽂힌 전집이 26개월 아이에게 무슨 의미가 있는지 이해하기 어려웠다.

그 엄마는 실수하지 않는 아이들을 자랑스러워했지만, 엄마 앞에서만 얌전한 맏이와 또래보다 언어 발달이 느린 둘째가 걱정된다는 말도 덧붙였다. 나에게 조언을 구하는 분도 아니었기에 아무런 말도 할 수 없었지만 안타까운 생각이 들었다. 그 무렵 26개월이던 은율이는 이미 우리말을 유창하게 해서 주위 사람들을 깜짝 놀라게 하고 있었다. 은율이를 실제 나이보다 한 살 정도 많게 보는 사람이 대부분이었고, 서툴지만 영어 단어도 조합해 말하기도 했다.

은율이는 놀다가도 바닥에 앉아 집중해 그림책을 보곤 했다. 책이 아이의 삶 속에 자연스레 파고들기를 바라며 번호대로 책을 꽂아 두는 대신, 좋아하는 책들은 일부러 바닥에 펼쳐놓기도 했다. 그 무렵 은율이는 책과 놀이가 뒤섞인 시기를 보냈다. 아주 자유분방하게 말이다. 물감을 쏟기 일쑤고 책은 죄다 꺼내놓고 읽었다.

다양한 실수도 해보아야 한다. 너무 늦게 자서 다음 날 아침 공연을 보러 가지 못하거나 신발을 바꿔 신었다가 넘어지고, 철에 맞지 않는 옷을 걸치고 나갔다가 집에 다시 들어오는 것 같은 경험들 말이다. 실수해도 바로 지적하지 말고 기다려주면 아이는 스스로 깨닫는다. 나의 양육의 기초는 존중이다. 은율이가 스스로 해낼 수 있는 기회를 최대한 많이 주는 것이 바로 나의 존중의 방식이다. 27개월이던 은율이가 "엄마! 나 혼자 신발 신었어!"라고 소리치던 기억이 난다. 세상에 나서며 아이가 혼자 그 준비를 마쳤던 경이로운 순간이었다. 신발을 신으며 뿌듯해하는 지금의 다섯 살 은율이에게도 "오른쪽 왼쪽이 바뀌었어."라는 맥 빠진 정답 놀이는 하지 않는다.

착한 아이로 키울까 잡스 같은 아이로 키울까

마흔이 넘어 운전을 처음 배울 때 나는 "우와! 차가 간다! 간다!" 하며 무척 신기해했다. 매번 남편이 운전하는 차만 타다가 스스로 운전석에 앉아보니 그 자체로 정말 떨리고 설레었다. 브레이크를 밟지만 않으면 저절로 가는 것이 신기하기도 했다. 평소에 보이지 않던 버튼들도 눈에 들어왔다. 평일 낮에 배워야 해서 남편에게 운전을 배우지 못하고 친한 교회 집사님께 연수를 받았다.

성품이 온유하지만 매우 대범하고 씩씩한 분으로 운전을 가르쳐주기에 베스트 선생님이었다. "괜찮아, 괜찮아. 실수하면 '죄송합니다' 하고 다시 정신 차리면 돼요." 그분 덕분에 나는 마흔이 넘어 운전에 대한 두려움을 깰 수 있었다. 매번 옆에서 잔소리만 하는 선생님이었다면 장롱 면허에서 벗어날 수 없었을 것이다.

▶ 낑낑대며 혼자 바지를 입던
19개월

처음 신발을 신어보고 혼자 지퍼를 채워보는 것은 아이에게 있어 역사적인 순간이다. 19개월부터 혼자 바지를 입던 은율이. 매번 바지 한 짝에 다리 두 개를 쑤셔 넣고 울던 은율이의 모습이 기억난다. 아이들에게는 바지 하나 입는 것도 얼마나 큰 도전인가!

은율이가 갓 네 살이 되었을 때 부엌에 있는 2리터짜리 생수를 들어서 컵에 따르려는 아슬아슬한 장면을 연출했다. 나는 숨죽이며 아이에게 다가갔다. 생수병을 잡아주는 대신 컵을 잡아주었다. 아이는 비틀거리며 물병을 들고 와서는 물을 거의 쏟지 않고 컵에 따랐다. "꺄!" 하며 나는 아이를 꼭 안아주었다. 그날 마신 물은 아마도 은율이 네 살 인생에서 가장 시원한 물이었을 것이다. 사고 안 치는 '착한 아이'가 아니라 세상을 놀라게 할 잡스 같은 아이는 바로 이런 사소하고도 아슬아슬한 순간들이 모여 만들어진다.

은율이가 자랄수록 내가 대신해줄 수 있는 일은 점점 줄어들 것이다. 친구 관계에서 고민하는 나이가 되었을 때, 학업으로 인해 힘든 순간에, 첫 사회생활에서 어려움을 겪을 때, 또는 결혼생활에서 말이다. 언젠가는 은율이 곁을 떠나는 순간도 올 것이다. 나는 결코 은율이가 정답에 맞추며 사느라 갈대처럼 흔들리기를 바라지 않는다. 새로움을 맛보며 하나씩 성취해가던 어릴 적 순간을 기억하면서 씩씩하게 살아가면 좋겠다.

어떤 일이 닥쳐도 툭툭 털고 일어나 다시 시작하는 사람이길 바란다. 아직도 쏟거나 흘리기 대장인 나는 은율이에게 일부러 이렇게 말한다. "엄마는 어른인데도 이렇게 실수하고 쏟네." 그러면 은율이는 이렇게 말해준다. "괜찮아, 엄마!"

실수를 용납 받은 아이는 끊임없이 시도할 것이다.

05

존중받은 아이는
1%가 다르다

아이들이 건강한 자아상, 자존감을 지니고 있어야 행복한 삶을 살 수 있다고 믿는 부모들이 점점 늘어가고 있다. 바람직한 방향이다. 나 역시 은율이를 자존감 높은 아이로 키우기 위해 노력했다. 그중 내가 특히 중점을 둔 두 가지를 나누고 싶다.

존재를 인정받은 아이는 남들도 존중한다

첫 번째로 은율이가 자신을 조건 없이 사랑받고 인정받는 존재라고 느끼길 바랐다. 은율이가 네 살 때, 개월 수로는 39개월 정도일 때였다. 남자아이들이 자동차 종류의 이름을 줄줄 외워 말하듯이 은율이는 강아지종 이름을 줄줄이 꿰고 있었다. 그리고 산책을 하다 마주치는 강아지들을 보며 웰시코기, 닥스훈트, 장모 치와와 등 그 품종을 나한테 설명해주었다. 우리가 살았던 별내 신도시는 넓고 푸른 공원에서 강아지와 산책하는 사람이 참 많았다. 그것만으로도 은율이를 행복하게 하는 동네였다.

강아지를 키우고는 싶었지만, 아직 은율이가 어렸고 체력적으로도 자신이 없었다. 남편은 개를 키우다 다치거나 죽게 되면 속상하다며 생명을 들이기를 주저했다. 그래서 생각한 것이 펫시터였다. 펫시터는 장시간 외출하는 주인들을 대신해 반려견을 돌보아주는 사람을 말한다. 하지만 돌보던 강아지들이 주인을 따라 집으로 돌아갈 때면 은율이가 매번 우는 것을 보는 것도 가슴 아팠다.

결국 나는 강아지를 입양해야겠다고 마음을 먹었다. 나도 강아지를 좋아해서 어릴 때 항상 키웠기에 은율이에게도 같은 기회를 주는 것이 공평하다는 생각도 들었다. 그래서 처음으로 만난 강아지가 포메라니안이었다. 갈색 털의 예쁜 아이였는데 문제는 아이가 몹시 짖는다는 것이었다. 도저히 감당이 안 될 정도였다.

강아지에게 목줄을 채워 산책시키는 것이 꿈이었던 은율이는 주인이 우리에게 하루 동안 맡긴 그 녀석을 데리고 행복에 겨워 산책을 시작했다. 산책시키기 좋은 녹지로 가기 위해 횡단보도 앞에 서 있는데 그 녀석이 귀가 따갑도록 쉴 새 없이 짖어댔다. "은율아, 너 애가 이렇게 짖어도 좋아?" 그러자 조금의 망설임도 없이 은율이는 이렇게 대답했다. "엄마도 내가 울어도 좋지? 나도 마찬가지야." 그러고는 강아지 목줄을 잡고 뚜벅뚜벅 내 앞으로 걸어가는데 나는 잠깐 동안 은율이를 물끄러미 바라보았다. 다 큰아이처럼 말하는 것도 대견했지만 어떠한 경우에도 엄마가 자신을 사랑한다는 것을 알고 있다는 것이 가슴 뭉클했다. 자존감 높은 아이로 만드는 가장 기본적인 토대는 자신이 있는 모습 그대로 수용된다는 믿음에 있다.

▶ 지인의 강아지를 어엿한 모습으로 산책시키던 날. 네 살

강아지를 데리고 산책하다 보면 녀석들은 여기저기 킁킁거리며 냄새를 맡느라 시간을 지체하곤 한다. 그럴 때 난 목줄을 끌며 재촉했는데, 은율이는 "엄마, 강아지 기다려줘야지. 그렇게 억지로 데려가지 말고."한다. 40개월밖에 안 된 아이가 하는 말 같지 않아 대견하게 느껴졌다. 자신이 존중받은 그대로 강아지를 대할 줄 아는 은율이의 태도에도 깊이 감동했다. 그리고 그동안 내가 했던 수고들이 헛되지 않았다는 생각이 들었다.

기회의 존중을 받은 아이는 자신감이 생긴다

두 번째로 스스로 무언가를 해낼 수 있는 사람이라는 자신감을 키워주고 싶었다. 강아지와 산책할 때는 같이 뛰거나 기다려주기도 해야 하고 때론 위험으로부터 보호해주어야 하는 경우도 있다. 나는 옆에서 은율이가 스스로 해낼 수 있도록 일정한 거리를 유지하며 도와주었다. 겁이 많은 반려견 하트가 하수구 빗물받이 같은 곳을 잘 건너지 못하는 것을 미리 알고 번쩍 들어서 안아준다.

지나가던 분들이 "어머! 아이가 강아지 산책을 시키네." 하고 말해주면, 은율이는 몹시 뿌듯해한다. 자신보다 나이 많은 언니나 오빠들이 강아지를 보러 달려오면, "만져봐도 돼. 안 물어. 순해. 푸들은 다리가 약해서 이렇게 안으면 돼."라며 자세한 설명도 곁들여준다.

아이의 자존감을 높여주는 방법은 많겠지만, 나는 사소한 일상에서 은율이가 뭔가를 시도해보려 할 때 "아직 어려서 안 돼."라는 말보다는 스스로 해볼 기회를 최대한 주려고 노력했다. 쉬운 일만은 아니었다. 은율이가 26개월이 되면서 "나도 엄마처럼 요리하고 싶어."라는 말을 하며 요리에 관심을 많이 보였다. 그때부터 은율이와 같이 아침식사를 만들었다. 30분이면 될 카레 만들기가 한 시간 넘게 걸리기도 했다. 짜장 소스가 하얀 주방 커튼에 튀고 국자나 야채 재료가 바닥에 떨어지기도 했다. 그럴 때마다 야단을 치지 않아도 은율이의 표정은 살짝 어두워졌다. 어린아이에게서조차 실패나 실수에 대한 본능적인 두려움을 확인할 수 있었다.

혼자서 뭔가를 시도해보려는 아이를 도우려면 인내심이 필요하다. 체력적으로도 쉽지 않고 위험한 순간이 도사리고 있기 때문에 신경을 바짝 써야 함은 물론이다. 하지만 포기하지 않았다. 만학도의 꿈도 미루면서 자라는 아이와 모든 것을 함께 하기로 마음먹은 것이 아닌가. 내가 아니면 누가 내 아이의 호기심 어린 도전을 지지해 줄 것인가. 엄마를 도와 만든 카레나 계란말이를 먹으며 뿌듯해하는 아이를 보며 나 역시 행복감에 젖는다.

엄마가 만들어준 것보다 스스로 만든 아침 식사를 더 맛있게 먹으며 뿌듯해하는 은율이를 보며 같이 요리하는 일이 점점 재미있어졌다. 손재주 없는 엄마이지만 베이킹을 좋아하는 은율이와 같이 빵을 굽기도 했다. 빵 반죽을 하면서 핸드믹서를 손에 쥐어줘 보았다. 처음에는 믹서가 반죽과 같이 돌아가기도 했고 기기 작동 소리에 은율이가 긴장해서 반죽이 여기 저기 튀기도 했다. 하지만 우리는 포기하지 않았다. 은율이를 격려하며 손을 잡고 같이 했다. 이제 은율이는 아주 능숙하게 핸드 믹서를 돌린다.

은율이가 끊임없이 자신의 한계를 시험해보며 커나갔으면 좋겠다. 짜장이 하얀 커튼에 튀었을 때 엄마가 용납해주었던 것을 기억하면서. 핸드 믹서 위에서 자신의 흔들리는 손을 꼭 잡아주던 엄마의 따스한 손을 기억하면서 말이다. 동시에 나는 은율이가 마음 따뜻한 도전자가 되었으면 좋겠다. 자신이 한 생명을 돌볼 만큼 의젓한 존재였다는 사실을 기억하면서, 오븐에서 꺼낸 갓 구운 빵처럼 따뜻했던 유년 시절을 추억하면서 말이다.

아이를 잡아주던 엄마의 손처럼, 마음 따뜻한 도전자로 키우자.

06

사회성은
엄마에게 달려 있다

▶ 놀이터에서 만나면 모두와 친구
가 되었다. 가운데가 은율이. 네 살

"코로나로 항상 마스크 끼고 일하시니 힘드시겠어요~" 책 작업을 위해 찾은 카페에서 음료를 주문하며 젊은 매장 직원에게 말을 건넸다. 괜찮다고 말하는 그녀는 마스크 위로 밝은 눈웃음을 보였다. 아이 주려고 미리 계산한 케이크를 더 정성스럽게 준비해주며 한결 더 친절함을 보인다. 나는 처음 보는 사람에게 인사를 잘하는 편이다. 은율이를 낳고 더 그렇게 되었다.

아이가 귀엽다며 말을 붙이는 할머니들에게 마음의 문을 열어보자

사교적인 편이긴 하나 은율이를 데리고 다니며 처음부터 사람들과 이야기를 많이 한 것은 아니었다. 겁이 많아 운전을 못 하던 나는 5개월 된 은율이를 안고 버스와 지하철을 자주 타고 다녔다. 한낮에 젖먹이를 데리고 대중교통을 이용하는 엄마는 많지 않았다. 그래서인지 할머니, 할아버지들의 관심을 받는 경우가 자주 있었다. 은율이의 사회성은 지하철에서 길러졌다고 해도 과언이 아니다.

아이 때문에 주로 노약자석에 앉게 되면 모든 할아버지, 할머니는 나의 친정아버지와 시어머니가 되었다. 한 번은 은율이를 데리고 친구 집에 갔다가 일산행 지하철을 탔다. 일반석에 앉아있었는데, 젊은 할머니 두 분이 내 앞에 서셨다. 한 할머니가 "어머, 아이가 양말을 안 신었네."

하시며 은율이가 더워해서 잠시 벗겨놓았던 양말을 줘보라며 신겨주시려 했다. 그러자 다른 분이 "아니, 애가 지금 더워하는 것 같아요." 두 분 사이에 양말을 신길지 말지에 대한 진지한 토론이 벌어졌다. 물론 두 분은 모르는 사이였다.

은율이가 네 살이 될 때까지도 나는 운전을 하지 못해 여전히 지하철을 주로 타고 다녔다. 내가 어딜 가든 은율이는 나와 함께했다. "애가 몇 살이에요?", "딸이에요, 아들이에요?" 하며 말을 붙이셨다. 나는 귀찮아하지 않고 친절하게 대답해 드렸다. 은율이가 의사 표현을 시작한 후부터는 서툰 말이나 손가락으로라도 대답을 하도록 했다.

은율이에게 사람들과 소통하는 기회를 많이 주고 싶었다. 요즘 아이들이 귀해서 그런지 어르신들은 그렇게 친절하실 수가 없었다. 버스에서 내리기 직전에 방금 밭에서 따온 배라며 커다랗고 잘생긴 배를 주시는 할아버지도 있었다. 칭얼대는 은율이에게는 사탕, 귤 등 뭐라도 꺼내어 주고 싶어 하셨다.

밖에서 만나는 어르신들과의 대화는 은율이의 사회성을 위한 아주 유익한 체험장이었다. 은율이가 손가락을 펼쳐 보이면 환하게 웃어주시며 귀엽다고 해주셨다. 헤어질 때는 은율이에게 "할머니, 안녕히 가세요~

빠빠이 할까?"라고 하며 은율이의 손을 쥐고 어르신들에게 흔들어 드렸고 어르신들도 모두 은율이에게 밝은 얼굴로 인사를 해주셨다.

세 살이 되자 은율이는 자기소개의 달인이 되었다. 지하철 노약자용 엘리베이터는 천천히 작동하는데 조금 어색한 그 공간에서 할머니, 할아버지들은 아이들에게 종종 말을 붙이신다. 그런 경우 은율이는 "네 살이에요. 은율이에요."라고 대답하고는 했다. 아이가 대답하면 어르신들은 정말 좋아하신다. '우리 손녀도 네 살인데.' 하시면서 멀리 떨어져 있는 손주가 보고 싶다고도 하신다.

▶ 외할머니 생신날 사촌 언니 서현,
사촌 오빠 기민과 함께. 네 살

세상이 안전하다는 믿음이 먼저이다

그런데 가끔 이런 일이 있다. 친구분들끼리 지하철을 타신 경우 한 할머니가 말을 거시면 "요즘 엄마들은 그런 거 싫어해. 애 만져도 안 되고." 하시며 만류하는 것이다. "요즘 엄마들은 까칠해서….."라는 말을 많이 들었다. 맘카페에서도 "길을 지나는데 어르신들이 자꾸 간섭하듯 말 걸어서 짜증나요."라는 글을 종종 보았다.

그리고 보니 나도 종종 당혹감을 느꼈던 때가 있었다. 은율이가 '동생'의 존재에 대해 민감하게 반응했던 시기에 "둘째를 낳아야지. 너도 동생이 있어야 하지 않니?"라거나 운전을 못 해 유모차를 끌고 낑낑거리며 가는데 "어머, 다 컸는데 유모차를 타네."라는 등의 이야기를 하실 때였다. 아이가 잠들 수도 있고, 걷기 싫다고 하거나 안기려 하는 난감한 상황도 모른 채 말이다.

엄마들의 마음도, 아이를 보면 말을 걸고 싶어 하는 어르신들의 마음도 모두 공감한다. 그런데 조금 당황했던 몇몇 경험을 제외하고 소위 말하는 길거리의 시어머니와 외할아버지를 통해 은율이가 얻은 유익이 훨씬 더 많았다. 유난히 더웠던 지난 여름, 노약자 엘리베이터에서 열심히 은율이에게 부채를 부쳐주시던 할머니, 엘리베이터가 없는 계단 앞에서 서성이는 내 모습이 당신의 막내딸 같았는지 유모차를 번쩍 들어 올려 주셨던 젊은 할아버지, 언제나 자리를 양보해주시며 은율이를 사랑스럽게 쳐다보던 많은 어르신들을 생각하니 지금도 코끝이 찡하다.

내가 청년시절 좌충우돌하며 배운 것 중 하나는 마음을 열고 있으면 축복이 찾아온다는 것이다. 아이가 자라면서 세상이 험하다는 것도 알아야 한다. 나 역시 차츰 은율이에게 나쁜 사람들이 다가오거나 예기치 않은 불행이 찾아올 수 있다는 것을 가르칠 것이다. 하지만 이제 막 자라기 시작하는 아기들에게 부모가 우선 가르쳐야 할 것은 세상은 안전하고 나를 환영하고 있으며, 내가 탐색해도 좋은 곳이라는 믿음이다. 이는 물리적인 안전뿐만 아니라 인간에 대한 신뢰도 뜻한다. 그러기에 아이와 가장 많은 시간을 보내는 엄마의 마음가짐과 태도는 중요하다. 타인에 대한 엄마의 표정과 말투를 아이는 그대로 이어간다.

한 가지 잊지 말아야 할 것을 덧붙이고 싶다. 아이마다 성격이 다르다는 점이다. 낯선 사람에 대한 본능적인 두려움이 있는 아이에게 엄마의 체면을 생각해 억지로 인사를 시키는 것은 부작용을 낳는다. 엘리베이터에서 만나는 어른에게 "인사해. 어른 만나면 인사해야지." 하며 인사를 하라고 강요하는 부모님들이 종종 있다. 아이가 어려워할 땐 그냥 엄마가 대신 인사를 해주는 모습을 보이는 것만으로도 충분하다.

아이의 사회성은 기관이 아닌 엄마에게 달려 있다

강아지를 보면 일단 달려가고 보는 은율이지만 개 주인인 어른들 앞에 서면 막상 무슨 말을 할지 몰라 머뭇거린다. 나는 은율이에게 이렇게 질문하는 법을 알려주었다. "강아지 이름이 뭐예요?", "무슨 종이에요?", "몇 살이에요?", "만져 봐도 돼요?, 순해요?, 물어요?" 같은 것들 말이다. 머뭇머뭇하는 은율이에게 살짝 귓속말로 알려주면 은율이가 따라 하는 방식을 주로 취했다. 헤어질 때 나는 아이를 위해 잠시 멈추어준 그분들에게 감사하다는 인사를 하고 은율이에게도 "감사하다고 말씀드릴까? 그리고 강아지에게도 산책 잘하라고 인사하자~."라는 말을 남긴다.

이사한 지 얼마 되지 않았을 때 아파트 단지에서 하얀색 진돗개를 데리고 산책하는 모녀를 보았다. 우리가 웃으며 다가가자 그분들은 산책 속도를 늦추시며 우리를 기다리셨다. 은율이가 "와, 진돗개다. 강아지 이름이 뭐예요?"라며 관심을 보이자 그분들은 "백설기야."라고 친절히 답해주셨다. "백설기처럼 하얘서 백설긴가 봐요?"라는 은율이의 말에 활짝 웃으셨다. "어떻게 알았니? 너 말을 정말 잘하는구나. 맞아, 맞아."

새로 이사 온 동네에서 우리는 그렇게 재미있고 자연스럽게 적응해갔다. 세상은 학교다. 엄마들이 마음 문만 열면 한계가 없는 교실의 문이 아이에게 활짝 열린다. 오늘부터 길거리의 이모, 고모, 시어머니들이 아이가 귀엽다며 말을 건네올 때 반갑게 대화를 나누어보면 어떨까. 한두 마디여도 좋다. 아이를 키우는 일이 한결 재미있어질 것이다. 의외의 도움을 받을 수도 있다. 아이에게 사회성이 자연스럽게 장착됨은 당연한 얘기다. 아이의 사회성은 기관이 아닌 엄마에게 달려 있다.

엄마가 마음 문만 열면 아이에게 한계 없는 교실의 문이 열린다.

07

스스로 판단하고
책임지게 하라

나는 은율이에게 무언가를 물어보는 일이 재밌다. 과연 저 조그만 머릿속에 무엇이 들어 있을까 너무 궁금해서다. 선택을 하라는 질문을 한 뒤에는 왜 그런 선택을 했는지도 넌지시 물어본다.

"그냥"이라는 대답을 할 때도 있고 가끔은 기대한 신기한 머릿속 생각들을 꺼내서 보여주기도 한다. 어느날 "휴대폰 충전기 케이스를 살 건데 어떤 색깔이 예쁜 것 같아?" 하고 물었더니 검정이 예쁘다고 대답했다. 아무리 생각해도 가방 속에 넣어두면 잘 눈에 띄지 않을 것 같아 나는 내 마음대로 핑크색을 주문했다. 며칠 후 케이스가 택배로 도착했고 은율이는 "핑크색이잖아!! 까만색이 아니잖아!!" 하며 울상이었다.

나는 몹시 당황했다. 은율이가 그냥 즉흥적으로 대답한 것이라 잊어버렸을 거라 생각하고 마음대로 주문한 것이다. 그리고 '아이가 무슨 검은색을 좋아하겠어? 그냥 해본 말이겠지.'라고 생각했다. 그날 이후로 깨달은 것이 두 가지 있다. 하나는 아이들은 어리지만 진심을 다해 선택한다는 것이고, 다른 하나는 우리 아이가 검은색을 진짜로 좋아한다는 사실이다.

잔소리와 간섭 대신 아이를 믿고 선택하게 하자

은율이에 대한 내 교육의 목표는 은율이를 감정과 의지를 선택하고 조절할 수 있는 사람으로 키우는 것이다. 자신의 선택에 책임지는 사람, 어떤 상황에서도 남 탓이 아닌 자신의 내면의 힘을 믿는 단단한 사람으로 키우는 것이다. 남이 인정해주는 말을 해주지 않아도 스스로 동기를 부여하며 살아갈 수 있는 사람이다. 거창해 보이지만, 다음과 같은 사소한 일을 통해 나는 천천히 그 작업을 해나가고 있다. 아이가 어릴수록 쉽게 해나갈 수 있다.

외할머니가 잠옷을 하나 사주셨다. 최근에 부쩍 큰 은율이에게 맞는 잠옷이 없었는데, 지나가시다가 마음에 드는 것을 발견하신 것이다. 열이 많은 은율이에게 두께도 알맞고 순한 순면이었다. 무엇보다 은율이가 좋아하는 사막여우가 그려진 연보라의 예쁜 잠옷이었다.

은율이는 그 잠옷이 무척 마음에 들었던지 그날 밤 아빠랑 단둘이 놀이터에 갈 때 입고 나갔다. 11월의 늦은 오후라 꽤 쌀쌀했지만 새 옷을 입고 자기가 좋아하는 동네 놀이터에서 신나게 뛰어 보고 싶었을 것이다. 남편도 나도 잔소리하지 않았다. 조금 놀고 들어와 발그스름하게 차가운 뺨을 안아줄 뿐이었다.

가끔 옷을 춥게 입고 나가도 "그거 봐, 춥다 그랬지? 엄마가 뭐라 그랬어."라는 말은 하지 않는다. 내가 들어서 기분 나쁠 말은 나도 아이에게 하지 않는 편이다. "그거 봐, 엄마가 뭐라 그랬어."라는 입이 간질간질한 잔소리는 교육 효과가 전혀 없음을 알기 때문이다.

우유부단한 엄마도 아이를 통해 성장한다

나는 우유부단한 편이다. 3남매의 막내로 컸던지라 무엇이나 나보다 앞서 보이는 오빠나 언니에게 이것저것 의견을 많이 물어봤다. 식당에 들어가면 친구들에게 메뉴선택을 일임한다. 우유부단함으로 인한 최악의 결과는 결혼 준비에서 드러났다. 누군가가 "괜찮아."라는 확신을 주어야만 마음이 편했던 나는 수많은 선택지 앞에서 고충을 겪어야만 했다.

해외여행을 한 번도 스스로 계획해본 적이 없었던 내가, 5박 6일의 여행지와 세세한 옵션을 선택하는 일은 결코 쉽지 않았다. 하지만, 결혼 준비에서 신혼여행은 작은 부분에 불과했다. 이런저런 여러 선택을 힘겹게 한 후 나는 웨딩 촬영을 위한 스튜디오를 고르지 못해 결국 촬영을 하지 못했다. 지금도 그것이 너무나 후회가 된다.

▶ 외할머니가 보내신 완두콩을 까는 것도 훌륭한 '놀이'이자 '배움'이다. 세 살

은율이를 키우면서 수많은 선택을 해야 했다. 아이를 낳고 키운 지난 5년간 지금껏 살아오며 겪은 것 이상의 선택 상황에 부닥쳤던 것 같다. 내 인생만이 아닌 아이의 인생도 걸려 있기에 선택은 갑절로 힘들었다. 나는 수많은 육아서를 읽고 시행착오를 겪으며 선택의 능력을 길렀다. 저

자들마다 육아관이 달라서 책을 선별하는 데도 시행착오가 필요했다. 그 중 가장 어려웠던 선택은 대학원 복학 여부와 복학하게 된다면 그 시기는 언제가 될 것인가에 관한 것이었다.

나는 국제 변호사가 되고자 포항의 한동대학교 국제 법률대학원에 진학했고 입학 직전 다른 로스쿨에 다니던 남편을 만나 2014년, 1학년 여름방학에 결혼했다. 그 이듬해 가을 은율이를 임신하게 되었고, 아이에게 집중하고 싶어 그해 학기 즉, 2학년까지 다니고 휴학했다. 휴학이 가능한 총 기간은 정해져 있었다. 아직 어린 은율이 옆에 풀타임 엄마로서 있어주려면 정해진 휴학 기간이 끝난 후 자퇴를 해야 하는 상황이었다.

학업을 포기하기로 결심했을 때는 마음이 무거웠다. 결혼 10년 차에 아이 둘을 키우고 있는 친정 오빠에게 조언을 구했다. 친정 오빠가 '힘들게 공부했는데 그만두려 하느냐', 또는 '아이에게는 엄마가 필요하다'와 같은 명확한 답장을 보내주길 내심 바랐다. 그 어느 쪽이라도 힘을 실어준다면 거기에 힘입어 결정할 수 있겠다는 생각이었다. 그런데 오빠는 이런 문자를 보내왔다. "선택은 본인의 몫이고, 그 선택에 책임질 수 있어야 한다. 본인의 선택에 책임질 수 있다는 것은 어른이 되었다는 뜻이다."

나는 그 문자를 한참 바라보았다. 나는 누구에게도 선택을 미룰 수 없이 스스로 선택해야만 하는 정말 힘든 순간에 서게 되었다. 나 자신의 마음을 찬찬히 들여다볼 수밖에 없었다.

어떤 선택을 하더라도 내가 책임지겠다는 마음이 서자, 나는 일단 할 수 있는 최선을 다해볼 의지가 생겼다. 기차를 타고 가 학장님을 만났고 이런저런 가능성을 검토할 수 있었다. 불가능해 보였던 휴학 기간이 연장되었고, 마지막 학기는 코로나로 인해 온라인 수업을 할 수 있게 되기도 했다.

▶ 혼자서도 요리를 제법 하게 되었다. 네 살

지금 나는 동네의 한 커피집에서 시간을 쪼개어 최선을 다해 원고를 쓰고 있다. 낮 한 시부터 현재 시각인 저녁 여덟 시까지, 한자리에서 모든 에너지를 집중해 글을 쓰고 있는 것이다.

간단하게 요기라도 하기 위해 식당으로 달려가고 싶은 생각이 굴뚝같다. 어서 집에 가서 사랑하는 내 딸의 보드라운 볼에 입 맞추고 싶은 생각도 간절하다. 하지만 나는 약속한 만큼의 원고를 쓰기 위해 인내한다.

나는 외국계 금융회사원, 인성교육 강사, 영어 강사, 선교단체 간사 등 다양한 일을 경험해보았다. 하지만 글을 쓰는 작가로서의 삶이 가장 가슴 벅차고 설렌다. 앞서 말한 바와 같이 나는 자유분방한 성격이다. 그런데도 내가 이렇게 한 자리에서 집중할 수 있는 이유는 내가 스스로 선택해서 하는 일이기 때문이다. 엄마가 스스로 선택한 일을 하면서 행복해하는 삶을 보여주는 것만큼 아이에게 좋은 교육은 없다고 생각한다.

며칠 전 분양받은 햄스터 집을 은율이와 함께 골랐다. 우리는 둘 중 하나를 골라야 했다. 하나는 햄스터들이 좋아하는 터널이 있는 '터널형'이었다.

다른 하나는 터널 대신 외부 쳇바퀴가 하나 더 있어서 햄스터들이 쳇바퀴를 타는 귀여운 모습을 생생히 볼 수 있는 '쳇바퀴형'이었다. 밖에 쳇바퀴가 없는 터널형도 집 안에는 작은 쳇바퀴가 있었다. 은율이도 나도 고민에 빠졌다.

"터널형도 집 안에는 쳇바퀴가 있긴 해. 가까이서 쳇바퀴 타는 것을 못 보지만 말이야. 그런데 외부에 쳇바퀴가 있는 것은 대신 터널이 없어."

아직 어린 은율이가 옵션을 잘 이해하지 못하고 그림에서 본 터널이 없다는 둥 나중에 딴소리를 할까 봐 두세 번 강조해 이야기해주었다. 그러자 은율이가 "응, 알아! 이해했어. 내가 알아서 결정할게!" 하는 것이다. 자기도 '알아서 결정한다'는 말을 뱉어 놓고는 놀랐는지 까르르 웃는다. '아니, 얘가 언제 이렇게 컸지?'하는 생각이 들었다. 스스로 결정하겠다는 말 앞에서 나는 아이를 인격체로 대하는 일에 더욱 노력을 기울여야겠다고 다짐했다.

터널이 없는 쳇바퀴형 햄스터 집이 얼마 후에 도착했다. 은율이는 터널에 대한 아쉬움을 표현하지 않았다. '알아서 결정'한 일이기 때문이다. 그렇게 감정에 대해서도 선택하고 책임지는 법을 배워간다. 우유부단한 엄마도 같이 배워간다.

우리는 햄스터 책을 읽으며 두루마리 휴지심으로 터널을 만들어줄 수 있음을 알게 되었다. 당장 우리는 실행에 옮겼다. 휴지심 터널을 볼 때마다 나는 "알아서 결정할게."라는 은율이의 말이 떠오른다. 당돌한 다섯 살 꼬마는 알아서 결정하고 아쉬움은 스스로 자르고 만든 휴지심으로 채워간다. 햄스터가 쳇바퀴를 힘차게 굴리는 걸 보면서 은율이도 그렇게 혼자 달리는 법을 배울 것이다.

아이가 좋아하는 일을 하며 살기를 바란다면 엄마도 스스로 선택하고 아이에게도 선택권을 주자.

내 아이는 착한 아이일까,
자존감이 낮은 아이일까?

착한 아이, 언젠간 지랄 총량을 채운다

내 친구의 남편은 정말 바른 생활의 사나이다. 얼굴도 선비처럼 생겼고 직장도 탄탄하다. 둘은 한눈에 반해서 결혼한 사이였다. 그런데 아이를 낳은 후 부딪치는 일이 자주 생겨서 어느 날 나에게 친구가 고민을 털어놓았다. 조금만 거친 어투에도 남편이 쉽게 기분 나빠한다는 것이다. "여보, 아기 기저귀 좀.", "여보, 빨래 좀 세탁기에서 꺼내."와 같이 말하면 남편의 표정이 금세 어두워진다는 이야기였다. 평소에는 다툴 일이 없는데 유독 저런 일로 분위기가 안 좋아지는 일이 많다고 했다. 아이 앞에서 싸울 때도 있다며 속상하다고 했다.

엘리트로 공부를 잘했던 친구 남편의 성장 배경을 조금 더 물어보았다. 친구의 시어머니는 젊으셨을 때 남편을 아주 엄격하게 교육하셨다고 한다. 그 남편은 순한 성품 탓에 반항 한번 없이 부모님의 말씀을 들었다는 것을 알게 되었다. 지금도 남편은 자신의 솔직한 감정표현에 서툴다고 한다. 그저 아이가 잘 크길 바라며 아이랑 많이 놀아주는 자상한 아빠이자 책임감 강한 남편으로 살아간다.

나는 이야기를 듣는 즉시 그 남편이 자존감이 낮은 '착한 아이'로 자란 전형이라는 것을 알 수 있었다. 인물도 준수해 따라다니던 여자들도 많았던 남편이 연애도 거의 해보지 않았다며 친구는 늘 신기해한다. 몇몇 에피소드들을 들으며 난 그 부부의 갈등이 이해되었다. 나는 친구에게 착한 남편이 건강하게 화를 낼 수 있고 속에 있는 것을 표현할 수 있게 도와주라고 했다.

'지랄 총량'이라는 말을 들어보았을 것이다. 아무리 착한 아이로 컸어도 언젠가는 어릴 때 해야 했을 반항과 지랄을 떨어서 그 양을 채운다는 소리다. 친구의 남편처럼 결혼해서야 억눌렀던 감정을 터뜨리는 사람들이 많다. 남자뿐이 아니다. 장녀로 착하게 큰 딸, 형에게 눌리고 동생에게 치인 존재감 없던 중간 아들 등 케이스는 다양할 것이다.

그 남편은 분명 어머니에게 자랑이었을 것이다. 착하고 공부 잘하는 아들. 친정어머니도 사위를 매우 좋아하신다고 한다. 남들 눈에는 좋지만 정작 자신은 그렇게 행복해 보이지 않아서 친구는 아내로서 안타까워했다. 친구 부부는 신앙 안에서 결혼생활을 하고 있고 꾸준히 그룹 상담도 받고 있어 점차 남편이 본인 이야기도 많이 하고 감정표현도 잘하게 되었다고 들었다. 하지만, 어릴 때 지랄 총량을 채우지 못해 이혼으로 이어지는 안타까운 경우도 많다.

더 이상 착하지 않은 10대 자녀와 잘 지낼 수 있는 비결은 존중이다

이처럼 자존감은 성공적인 삶에 있어서 그 어떤 것보다 중요하다. 자존감은 말 그대로 자신을 존중하는 마음이다. 자신이 귀하다는 사실을 아이들이 어떻게 알까? 부모라는 거울을 통해 비친 자신의 모습을 통해서 알게 된다. 특히 8세 이전에 형성된 부모와의 관계에 지대한 영향을 받는다. 질풍노도의 시기를 잘 넘어가는 아이들은 어려서 높은 자존감을 형성한 아이들이다.

늦은 나이에 결혼한 우리 부부 주변에는 10대 자녀를 둔 이들이 많다. 교회 소그룹 한 집사님의 카카오톡 프로필에 세 살 정도 되어 보이는 딸아이 사진이 있었다. 쉰이 다 된 집사님의 늦둥이인가 했는데 사진의 주인공은 바로 현재 중3인 딸의 어릴 적 모습이었다. 아빠! 아빠! 하며 자신을 따르던 때가 너무 그리워 늘 옛날 사진을 카카오톡 프로필 사진으로 해둔다고 했다.

또 다른 여자 지인은, 어릴 때부터 맏딸을 엄격하게 키웠는데 동생이 바로 연이어 태어나면서 제대로 어리광을 받아 줄 시기도 없었다고 한다. 자신도 어린아이면서 어린이집에서 다른 친구들에게 "선생님께 안아달라고 하지 마. 선생님 힘드시잖아."라고 말할 정도로 일찍 철이 들었던 딸이다. 그 이야기를 하시며 무척 가슴 아파하셨다. 그런데 중2인 지금은 딸이 너무 반항적이고 말을 듣지 않아 화가 날 때가 많다고 하신다. 그럴 때면 딸의 서너 살 적 영상을 일부러 꺼내 보며 마음을 가라앉히신다고 한다.

존경은커녕 끝없이 반항하는 청소년기 아이들 때문에 마음고생 하는 부모들이 주변에 너무나 많다. 이런 이야기를 들을 때마다 나는 지금 다섯 살인 나의 딸, 은율이가 컸을 때의 모습을 상상해보게 된다. 10대 시절 정신적 독립을 위한 건강한 반항은 좋다. 하지만 무력한 유아 시절 받았던 억압이나 존중받지 못함으로 인해 튀어나오는 부정적 반항은 아니었으면 좋겠다는 생각이 간절하다.

▶ 어린 시절처럼 당당하고 행복하게 살아가길. 세 살

청소년 NGO 단체에서 알게 된 분이 있다. 잠시 그곳의 인성교육 강사로 일한 적이 있는데, 그분은 나와 같은 팀 소속이었다. 매우 밝고 유머러스하시며 긍정적인 분이었는데, 알고 보니 지방 소도시의 작은 교회 사모님이었다. 강연 일정이 있는 날엔 온종일 붙어 지내다 보니 본의 아니게 개인적인 전화 통화 내용을 듣게 되는 경우가 있었다.

그분은 고등학생 아들과 자주 통화를 했는데 사춘기 남자아이들이 그 시기에 엄마와 대화를 별로 하지 않는 게 통상적이라고 알고 있었기 때문에 조금 특이하게 느꼈다. 그날은 수화기 너머 조금 흥분한 것 같은 아들의 목소리가 들렸다. "엄마, 담임 선생님이 꿈이 뭐냐고 해서 음악을 하고 싶다고 했는데…" 그 분은 시종 웃으시며 친구처럼 아들과 대화하셨다.

통화가 끝난 후에 호기심이 생긴 나는 무슨 일인가 물었다. 그분은 "음악을 하고 싶은데 선생님이 잘 이해를 못 해 주셨나 봐요. 하고 싶은 것 하라고 했어요. 우리 아들은 공부를 못해요. 그런데 괜찮아. 자기 하고 싶은 것 하면 돼요."라고 미소를 머금고 말씀하셨다. 그분이 경상도의 유명 국립대를 졸업한 재원이었음을 알고 있었기에 그러한 반응이 다소 충격적이었다.

그 아들은 NGO의 연말 파티 자리에 참석해 엄마와 즐거운 시간을 보내기도 했다. 10대 자녀를 둔 부모의 모습 중 찾아보기 쉽지 않은 풍경이었다. 그분이 자식을 아주 어린 시절부터 어떻게 대하고 키우셨을지는 듣지 않아도 알 것 같았다.

나는 사랑하는 딸이 10대가 되었다고 해서 나를 등지지 않기를 바란다. "10대가 되면 다 부모랑 멀어지는 거야."라는 말을 당연하게 받아들이고 싶지 않다. 은율이에게 미운 세 살과 미운 네 살이 단 한 번도 없었던 것처럼 말이다. 그러기 위해 아이가 가장 연약한 지금 아이의 눈높이에 맞추며 존중하고 배려하려고 노력한다. 자존감이 높은 아이들이 친구

뿐 아니라 부모와도 사이가 좋은 이유는 간단하다. 자신이 존엄하고 고귀한 존재임을 인정받아 보았기에 타인도 존중할 줄 하는 것이다. 실패 앞에서도 자신을 비난하지 않는다. 즉, 회복 탄력성이 높다. 행복한 승리자로 살 수밖에 없다.

아직도 착한 아이가 좋다는 생각이 든다면, 다음의 질문에 대한 답을 고민해보면 좋겠다. 우리 아이를 쓰기 편하고 값이 싸며 어디서나 구할 수 있는 기성품으로 키우고 싶은가. 세상에 단 하나밖에 없는 명작으로 키우고 싶은가.

기성품으로 키우고 싶은가. 돈으로 살 수 없는 감동을 주는 세상에 단 하나밖에 없는 명작으로 키우고 싶은가.

4 장

개성 있고
당당한 아이로
키우는
8가지 방법

자존감을 키워주는
엄마의 대화법

자존감을 키워주고 싶은 부모의 마음은 다 같다. 그런데 육아를 하다 보면 그것을 실천하기 어려운 상황이 반드시 오게 마련이다. 아이들과 쇼핑할 때의 상황을 가정하면서 자존감을 키워주는 대화의 방법을 소개하고자 한다. 이런 경우를 예로 들어보자.

주말에 큰맘 먹고 온 가족이 할인 쿠폰을 검색해 아쿠아리움에 갔는데 풍선을 사달라고 한다면 어떨까. 족히 만원은 넘는 헬륨풍선 말이다. 또는 입장료가 비싼 놀이동산에 갔는데 거기서 사막여우 머리띠와 펭귄 인형을 사겠다고 하면 어떨까. 또는 마트에서 야채값 비교를 하며 꼼꼼히 장을 봤는데, 아이가 계산대에서 기다리는 동안 자신의 눈높이에 진열된

곳에서 3,500원짜리 장난감이 든 과자를 쳐다보고 곧 사달라고 조를 조를 기세라면?

▶ 어린이 대공원에서 갖고 싶어 했던 버스 풍선을 선물 받은 날. 네 살

감정만 존중해주어도 쇼핑 떼쓰기는 줄어든다

자존감 대화법을 이야기하며 이런 상황을 그려보는 이유는 자존감의 가장 기초가 공감과 경청인데 위와 같은 상황에서는 그것이 쉽지 않기 때문이다. 그래서 나의 경험을 들어 위와 같은 상황을 가정해본 것이다.

결론부터 이야기하자면 나는 풍선이나 기념품 또는 마트에서의 즉흥적인 군것질을 허용할 때도 있고, 그렇지 않을 때도 있다. 내 아이와 충분한 시간을 보내온 나는 아이에 대해 잘 파악하고 있다. 그래서 내 느낌을 믿고 그때마다 결정한다. 하지만 어떠한 상황에도 변하지 않는 원칙은 공감과 경청이다. 나도 좌충우돌해온 엄마지만 적어도 외출해서 무엇을 사달라는 일로 아이와 지금까지 트러블이 있었던 기억은 거의 없다.

한 번은 은율이가 어린이 대공원에서 바퀴가 달린 끌고 다닐 수 있는 풍선을 사달라고 했다. 나는 정말 사주고 싶었지만 그날은 당장 사줄 여건이 되지 않았다. 말했듯이 나는 "안 돼."라는 말을 먼저 하지 않는다. 일단 은율이와 풍선을 구경하러 갔다. 그러고 내 눈에도 재미있어 보이는 풍선에 대해 이런저런 이야기를 했다. 어떤 색깔이 좋은지, 어떤 디자인이 좋은지 같이 이야기했다. 진짜 예쁘고 재미있겠다며 아이의 눈높이가 되어 이야기했다.

오늘은 엄마가 계획 없이 왔고 가격도 비싸서 조금 생각해보고 결정하겠다고 하자 아이는 정말 거짓말처럼 알겠다고 대답했다. 나는 아이가 기다려준 것이 기특해서 몇 개월 후 대공원에 갔을 때 잊지 않고 그 자동차 풍선을 사주었다. 기다렸다가 받은 아이는 더욱 신나하며 그 풍선을 끌고 다녔다. 이런 방법이 통한 것은 그날만이 아니었다. 아이가 무언가를 발견하면 나는 아이보다 더 신나하며 같이 구경하러 간다.

그것은 물건을 사주지 않기 위한 전략이 아니라 내 진심이다. 동네에 네 평도 안 되는 조그만 문구점이 있는데 은율이는 그곳에 가는 걸 정말 좋아한다. 마치 여자들이 쇼핑할 때와 같은 눈빛으로 문구를 쳐다본다. 키티 지우개, 어른인 내가 보기엔 실용성이 없는 만화 캐릭터가 달린 볼펜, 손바닥보다 작은 주방용품 세트들을 보며 행복해한다.

은율이는 문구점 구경을 하고 나는 은율이를 구경한다. "엄마, 이거 봐. 이거 봐." 하며 끊임없이 이야기하는 귀여운 은율이를 지켜본다. 나는 울며 겨자 먹기로 지갑을 열지도 않고, '집에 있잖아.'라며 아이를 제지하지도 않는다. 그저 열심히 공감해준다. 한 번은 2천 원밖에 없다고 미리 이야기해주고 실컷 구경하고 나서 800원짜리 헬로키티 지우개를 하나 사서 나왔다. 아빠랑 매일같이 그림 그리기를 하는데 지우개를 아무리 찾아도 없어서 같은 지우개를 하나 더 산 것이다.

감정을 존중받으면 자존감이 높아진다. 우리 여성들은 특히 친구와 이야기하고 공감 받으면 기분이 좋아지고 스트레스가 풀린다. 힘들 때 위로받으면 "그래, 괜찮아. 내 잘못으로 생긴 일이 아니야." 하며 다시 잘해볼 힘도 생긴다. 반면에 정답만 이야기하는 친구를 만나면 더 화가 나고 나에 대해서도 부정적인 생각이 생긴다.

내가 듣기 싫은 말은 아이에게도 하지 않는다

대형마트에서 아이들이 뭔가를 사고 싶어 하는 눈치를 보이면, 엄마들은 "집에 많잖아. 안 돼."라고 말하는 경우가 많다. 다른 듯 비슷한 상황이 있다. 남편과 백화점 외출을 했다고 해보자. 다른 일로 나갔는데 지나다 보니 옷 가게가 보인다. 그냥 예뻐서 "여보, 저 옷 어때? 예쁘다." 하며 황홀한 듯 쳐다보았을 뿐이다. 움찔한 남편이 "집에 옷 많잖아. 안 돼."라고 대답했다고 생각해보자. 사고 싶은 마음이 없었다가도 카드로 지르고 싶은 마음이 생길 수 있다.

'결혼 전에는 마음만 먹으면 살 수 있었는데….', '연애할 때는 내가 새 옷 입고 나가면 예쁘다고 하더니 이젠 자기 돈이라고 아까운가?', '내가 지금껏 절약하는 모습을 보여주었는데, 날 못 믿는 건가?', '난 늘 애들 교육비랑 남편 옷에만 돈을 쓰는데….'라며 없던 불평도 생긴다. '내가 언제 산다고 했나? 그냥 물어봤지.'라는 생각도 든다.

아내들은 어떤 문제에 대해서 남편이 공감해주기보다 정답을 이야기하려고 할 때 얄밉다고 이야기한다. 반대로 남편이 이렇게 말해주면 아내의 감정은 어떨까. '어, 색깔이 예쁘다. 이번 가을에 입으면 예쁘겠네. 한 번 들어가서 입어볼래?' 아마 대부분의 아기 엄마라면 바쁜데 그냥 가

자고 할 것이다. 만약 입어본다 하더라도 계획에 없던 구매를 쉽게 결행하지 않을 것이다.

위에서 우리 아내들의 마음속에서 일어나는 감정의 소용돌이가 바로 우리 아이들에게서 일어나는 것과 똑같다. 아이들은 '지금 사지 않고 그냥 둘러보면서 엄마랑 이야기하고 싶다.'라는 표현은 아직 못한다. 그런데 물건을 보고 신나는 자신의 일차적 감정은 무시하고 '안 돼. 집에 많잖아.'라는 말로 억누르면 서운하기도 하고 야속하기도 한 것이다. 아이들이 비슷한 장난감 하나를 더 가지려 무조건 떼쓴다고만 생각하지 않았으면 좋겠다.

▶ 고모가 선물해주신 생일 케이크. 다섯 살 생일

남편이 '옷 많잖아.'라고 할 때 우리는 아이처럼 떼를 쓰진 않지만, 화가 나기는 마찬가지다. 다음에 아이가 무언가를 사달라고 하면, 집에 옷이 없어서 옷 구경을 하는 사람은 없다는 것을 기억하면 좋겠다. 그리고 같이 쇼핑하는 친구처럼 공감해보자. 분명 효과가 있을 것이다. 그리고 아이를 믿고 경제 상황에 관해서도 이야기해주자. 잔소리가 아닌 진정성을 담아서 말이다. 어른처럼 대해주면 아이는 성숙해지려는 나름의 노력을 기울일 것이다.

아이 마음이 허전하진 않나요

내 친구가 신혼 초기 시어머니의 옷장을 보고 깜짝 놀란 적이 있다고 한다. 평소 옷차림이 수수한 시어머니의 옷장에 한 번도 입지 않은 H 백화점의 옷들이 가득 들어차 있었기 때문이다. "네 아버지가 의처증이 심해서 힘든 마음에 자주 백화점에 갔다. 택시 운전을 하셔서 현금이 많았기에 자주 갔지. 거기 가면 다들 친절하니까 거기서 마음을 채웠다."

우리도 아이의 예쁜 옷, 교구, 책 같은 것들을 사며 육아 스트레스를 풀 때가 있다. '딩동' 하는 택배기사님의 벨 소리가 얼마나 반가운가. 아이 마음에 혹시 채워지지 않은 허전함은 없는지 꼭 짚어보면 좋겠다. 쇼핑뿐만 아니라 아이가 떼쓰는 순간, 친구와의 관계에서 힘들어하는 순간 그 어떤 경우에도 자존감을 높이는 대화법의 기초인 공감과 경청을 해주면 좋겠다. 공감과 경청이라는 기초가 없이 대화의 기술을 익히려는 것은 사칙연산을 배우지 않고 미적분 문제를 풀려는 것과 같다. 감정을 존중해주면 자존감이 높아진다. 자존감 대화법이 따로 있을 것이라는 생각보다는 감정을 존중하는 것에 초점을 맞추어보자. 육아는 갈수록 쉬워질 것이다.

참 육아란 매일 매일 아이의 마음이 되어보는 연습이다.

엄마의 잔소리가
아이의 개성을 잃게 한다

　작년 겨울, 크리스마스가 다가올 무렵의 주말이었다. 우리는 이사를 위해 짐 정리를 하는 중이었다. 텅 빈 집안에서 남편이 마지막 청소를 하는 동안 나와 은율이는 정들었던 어린이 도서관을 마지막으로 찾았다. 때마침 그곳에서는 크리스마스 리스(문앞에 걸어두는 동그란 성탄 장식) 만들기 이벤트가 열리고 있었다. 자유분방한 은율이는 "이거 나와 있는 대로 똑같이 안 해도 되지?" 하더니 목공풀을 이리저리 붙여, 지게 모양 리스를 만들었다. 외국 명절을 표상하는 장식에 우리 전통이 가미된 독특한 퓨전 작품이 탄생했다. 은율이는 리스에 붙이라고 나눠준 금색 방울을 자기 목에 달고 루돌프 사슴 흉내를 내며 뛰어다녔다.

나는 작업 중인 다른 부모와 아이들을 살펴보았다. 그중 두 딸과 열심히 작업 중인 아빠가 눈에 띄었다. 아빠는 굉장히 열심히 리스를 만들고 있었다. 네 살 정도 된 딸이 무언가를 시도하려고 할 때마다 아빠는 계속 딸에게 "그게 아니고….."라며 답답해했고, 결국 본인 앞으로 재료를 가져가서 뚝딱 작품을 완성했다. "어때 아빠 잘 만들었지?"라고 아빠는 의기양양하게 물었고 아이는 미간을 찌푸리고 있었다. 다른 엄마들도 크게 다르지 않았다. 아이들은 주로 옆에서 풀칠 정도만 거들었다. 조금 씁쓸한 광경이었다. 주말 한 낮에 아이와 놀아주는 부모들은 꽤 성실하고 모범적인 사람들이다. 하지만 아이나 부모 모두에게 유익하고 즐거운 시간은 아닌 듯 보였다.

개성이라는 말을 들으면 어떤 이미지가 떠오르는가? 나는 아이돌 스타의 빨간 염색 머리, 소위 '노는 아이들'의 반항적인 외모가 그려지기도 한다. 하지만 개성은 타고난 고유함, 창의, 도전과 비슷한 말이다. 개성이라는 말이 도전적으로 들리는 것을 보면 나도 획일적인 교육을 받은 세대임을 어쩔 수 없이 인정하게 된다.

아이의 개성을 꺾는 말들

나는 앞 장에서 '원칙'을 지나치게 강조하지 말 것과, 아이에게서 '선택권'을 빼앗지 말 것 등을 이야기했다. 그런 것이 모두 개성을 꺾는 것들이기 때문이다. 그렇다면 구체적으로 어떤 말들이 아이의 개성을 꺾을까?

▶ 아빠의 퇴근 후 시간은 은율이와 함께 그림 그리는 것으로 채워졌다. 세 살

첫 번째는 아이의 성향을 규정하는 말이다. 내가 영어 과외 선생으로서 엄마들과 대화할 때 엄마들이 "얘는 애가 너무 얌전해요.", "애가 끈기가 없어요.", "머리는 좋은데 공부를 안 해요." 같은 말을 너무 쉽게 한다고 느꼈다. 그것도 학생이 듣는 앞에서 말이다. 영유아의 엄마들도 아이가 듣지 않는다고 생각해서인지 "우리 애는 까칠해." 라든지 "아무 데서나 잠을 잘 안 자."라는 말들을 하는데 이런 표현은 아이의 부정적 행동을 강화하는 결과를 낳을 수 있어서 유의해야 한다.

두 번째는 '위험해'라고 하며 도전 의지를 꺾는 말이다. 올 해 여름 동네 아이들이 잘 모이는 놀이터에 은율이와 갔다. 수풀이 조금 우거진 곳에 또래 아이들이 몇 명 모여 있었다. 아장아장 걷는 남자아이가 누나와 형을 보러 수풀 안으로 가려 했지만 "안 돼요, 위험해요."라며 엄마는 아이를 계속 잡아끌었다. 아이는 반복해서 시도하려고 했고 엄마는 "어린아이는 거기 가지 않아요."라며 계속 아이의 도전을 막아섰다.

세 번째는 아이의 상상력을 꺾는 말이다. 어느 날 은율이와 버스를 탔다가 신이 난 목소리로 엄마에게 동물이야기를 하는 어린 아이의 소리를 들었다. 실제로 본 동물이 아닌데 재미있게 지어서 말하는 게 귀여워서 가만히 듣고 있었다. 그런데 옆에 있던 엄마는 "그런 건 없어. 그건 상상이야."라고 했다. 그것도 다정하고 친절한 목소리로….

네 번째는 아이가 자책에 빠지게 하는 말이다. "너 왜 이렇게 별나! 너 때문에 힘들어 죽겠다." 엄마들의 스트레스와 체력적 한계가 느껴지는 푸념 섞인 말인데, 듣기만 해도 가슴이 아프다. 특히 사는 것이 팍팍했던 세대의 어머니들이 자주 하시던 말로서 아이의 영혼을 파괴하는 표현들이다.

▶ 외가에 갔다가 오랜만에 아빠를 만나 그리웠던 마음을 표현하고 있다. 35개월

당신의 아이는 천재적인 상상가이다

당신이 육아에 관심이 있어 책을 찾아 읽을 정도라면 좋은 부모가 되기 위한 충분한 자격을 갖춘 훌륭한 엄마일 것이다. 그런데 자신이 태어날 때부터 지닌 고유한 위대함을 충분히 발휘하며 살아가고 있는가 한번 생각해보면 좋겠다. 당신은 착한 아이였는가. 지금도 착한 어른인가. 충만한 행복을 느끼며 날마다 살아가고 있는가.

인공지능 시대를 맞이하여 온 세계는 창의성에 집중하고 있다. 하늘에서 내려준 엄청난 능력, 바로 어린 시절 상상력의 불꽃을 꺼뜨리지 않기 위해 노력한다. 우리가 인공지능을 능가할 수 있는 것은 바로 이 창의성 뿐이기 때문이다. 세상이 바뀌고 있는데, 모든 아이들이 가지고 태어난 다는 천부적 상상력을 엄마의 잔소리로 하나씩 지워가며 키울 것인가.

부모라면 누구나 아이의 상상력 넘치는 그림에 놀란 경험이 있을 것이다. 우리가 보는 세상과 아이들이 바라보는 세상은 완전히 다르다. 아이들의 총천연색 상상의 세계를 편견 섞인 부모의 잔소리로 잿빛으로 만들지 말자. 글을 쓰는 지금도 은율이는 집에 있는 의자와 천을 이용해서 신데렐라 마차를 만들고 있다. 당신의 아이는 천재적인 상상가이다. 초일류기업이 탐내는 상상력을 가진 존재이다. 그것을 꺾지만 않으면 우리 아이들은 꿈꾸는 충만한 삶을 살 수 있다.

구글 면접관의 채용기준

유튜브에서 구글 코리아의 김태원 상무 강의를 들은 적이 있다. 유튜브의 소유사이며 세계 최고의 AI 기업인 구글. 구글 주식 한 주의 가격은 무려 한화 200만 원에 달한다. 혁신과 창의의 상징인 구글 코리아에서 인재를 선발하는 중책을 맡은 면접관이라니 그는 매우 유능한 인물임이 틀림없다. 그것도 30대에 말이다. 그는 강연에서 회사가 필요로 하는 인재를 찾기 위해 중점을 두는 내용을 설명했는데 아이를 키울 때 부모의 틀에 가두지 말아야 한다는 내 주장과도 맥락이 닿아 그의 말을 인용하는 것으로 이번 단락을 마친다.

"지금 내 앞에 있는 이 인재는 경쟁을 잘하는 인재인지 진짜가 되기 위해 노력했던 인재인지 구별하고 싶습니다. (중략) 지금 우리 사회의 미래를 위해 필요한 인재는 어떤 지식을 바르게 볼 줄 아는 것을 넘어서 다르게 볼 줄 아는 인재입니다. 열심히 배우는 것도 중요하지만 지식을 정리하고 재정의하고 창조하는 공부를 할 수 있어야 합니다. (중략) 이전보다 우리는 더 창의적이고 협업을 잘해야 하는 시대를 살고 있습니다. 등수나 점수만으로는 알 수 없는 너무나 많은 요소가 있는 거죠. 그것이 면접관으로서 제가 가진 큰 과제입니다."

당신의 아이 안에 놀라운 잠재력이 있음을 진정으로 깨닫는다면 오늘 하루 아이와 보낼 일상은 흥미진진해질 것이다.

인정하고
존중하고 사랑하라

제목을 보는 순간 내 마음이 따뜻해진다. 인정, 존중, 사랑은 동서고금 남녀노소를 불문하고 누구나 받고 싶은 것이다. 햇수로 5년째인 나의 육아를 돌아보니 저것은 나의 육아 좌우명이기도 했다. 내 책의 부제목으로 달아도 어울릴 단어들이다. 그리고 이 세 가지에 이르는 공통된 방법을 이야기한다면 그것은 '공감'일 것이다.

아이를 그대로 인정하고 존중하는 것이 불안함을 줄 때도 있었다. 너무 버릇없이 제멋대로 자라는 것은 아닐까. 나중에 애 잘못 키운 부족한 엄마라는 말을 듣는 것은 아닐까. 제아무리 유능한 교육전문가라도 해도 처음부터 백 퍼센트 확신을 가지고 자식을 키울 수는 없으리라.

네 살 무렵, 은율이는 새벽까지 책을 읽다 잠들어 늦게 일어나곤 했다. 아침을 먹고 난 후 엄마랑 자전거를 타고 동네를 돌아다니며 산책하는 등 여유롭고 느긋한 삶을 살았다. 그런 우리를 보며 주위에서 이렇게 말했다. "그러다가 나중에 학교 갈 시간에 안 일어나면 어떡할 거야?" 처음에는 아무렇지 않았지만, '정말 그러면 어쩌지? 아이랑 그런 문제로 다투고 싶진 않은데….' 하는 생각이 든 것도 사실이다. 하지만, 남편이 나의 교육관을 지지해주었고 책과 더불어 자라나는 은율이를 사랑스럽게 지켜봐 준 덕분에 흔들리지 않을 수 있었다. 남편이 나를 인정해주었기에 나 역시 은율이를 인정할 수 있는 힘이 생겼다고 믿는다.

▶ 잠옷 차림으로 한낮의 놀이터에서 맘껏 뛰놀았다. 세 살

아이들의 욕구는 발달과정에 필요한 것이다

나는 아이들의 욕구 가운데 부정적인 것은 없다는 전제로 아이를 바라보았다. 어른이 되면서는 자신이 진심으로 원하는 것과 외부적 요인에 의해 내면화된 필요가 뒤섞인 욕구를 가진다. 하지만 순수한 나이대의 어린 아이들은 하나님이 자신에게 주신 욕구에 충실하고 솔직하다. 그래서 "내 꺼야!"라고 외치는 세 살 아이에게 "나눌 줄 알아야지. 이기적이구나."라고 하는 것은 무지의 소치가 된다.

아이들은 소유개념을 형성하는 중이다. 원형질 인간인 아이들의 행동에는 다 이유가 있다고 하는 것이 신기해서 이 무렵에 육아서를 많이 읽었다. 주로 남편과 은율이가 자는 새벽 시간에 독서에 몰두했다. 육아에 지쳐 졸음이 쏟아져도 내 사랑하는 아이에 대해 알기 위해 밑줄을 그어가며 탐독했다. 덕분에 나는 은율이의 짜증과 찢어질 듯한 울음에도 웃는 낯으로 아이를 꼭 안아줄 수 있는 정도까지 되었다. 그리고 그렇게 알게 된 은율이의 마음을 남편에게 이야기해주었다.

처음에 울음소리에 예민해지려 하던 남편도 나의 행동을 보며 여유롭게 은율이를 바라보았다. 내가 은율이를 키우며 참 잘했다고 생각되는 부분이다. 우리는 아이가 울 때 윽박질러본 적이 거의 없다. 다섯 살인

지금도 미운 네 살, 다섯 살 같은 단어는 우리 집에 존재하지 않는다.

은율이가 고집을 피우며 짜증을 낼 때 이제 딸과 단단한 관계가 형성된 남편은 은율이 마음을 곧잘 읽을 줄 알게 되었다. 덕분에 은율이는 아빠랑 단둘이서 노는 게 더 좋다고 말할 때도 있다. 의식적인 노력을 기울여야 하는 초반에는 이런 작업이 쉽지 않다. 하지만 일정 궤도에 오르면 육아는 갈수록 쉬워진다.

감정을 존중받으면 공감 능력이 커진다

나는 은율이가 공감 능력이 뛰어난 사람이 되기를 바랐다. 그래서 나와 인격 대 인격으로 대화할 날을 늘 그려보았다. 아마 딸이라서 더 그랬는지도 모르겠다. 딸은 엄마의 친구라고 하지 않는가. 우리 부부는 아기 침대에 누워있는 갓난아기 은율이에게도 책을 읽어주고 시를 읽어줄 만큼 아이를 이미 인격체로 여겼다. 하지만 남편이 출근하고 혼자 말 못 하는 아이와 단둘이 있으면 가끔은 외로웠다.

은율이가 15개월 무렵이었던 것 같다. 나는 아직도 그날을 잊지 못한다. 유아 식탁 의자에 앉은 은율이가 내 오른쪽에서 나란히 밥을 먹고 있었다. 그런데 은율이가 갑자기 내가 발라준 생선살을 내 밥그릇에 얹어

주는 것이었다. 울컥했다. 아이와 둘만 남은 집에서 느꼈던 외로움을 위로 받았다는 사실에 감격했고 비로소 인격체로 발돋움해 가는 은율이를 확인하며 가슴 뭉클했다.

남편과 외출할 때 뒷좌석 카시트에 갓난아이 은율이를 눕히면 나는 바로 옆자리에 앉아 늘 아이의 반응에 귀 기울였다. 자기 말을 듣고 존중하고 있다는 것을 깨닫게 해주기 위해서였다. 조금이라도 옹알이를 하면 받아주고, 말을 하기 시작하면서부터는 과하다 싶을 만큼의 리액션을 보여주었다. 워낙 심하게 은율이쪽으로 고개를 돌리다보니 멀미가 날 것 같은 때도 있었다. 그런 노력 때문이었는지 은율이는 또래보다 훨씬 일찍부터 깜짝 놀랄 정도로 정확한 발음과 다양한 어휘로 말하기 시작했다. 몇 개월인데 발음이 이렇게 정확하냐는 질문을 많이 받기도 했다.

공감할 줄 아는, 마음 따뜻한 사람으로 키우기 위해 말조심을 했다. 물론 나도 실수를 많이 했다. 공감은커녕 "엄마 피곤한데!! 왜 자꾸 그래!", "배고프다고 해서 밥 차려놨더니 먹지도 않고!!" 하면서 밥이 남은 그릇을 개수대에 처박아 버린 적도 있다. 그러면 엄마의 사랑을 잃는 것이 무서운 은율이는 풀이 죽어 있었다. 그러고 또 은율이에게 사과하고. 그렇게 실수를 무한반복 하면서도 포기하지 않고 노력했다. '엄마, 괜찮아. 엄마의 수고가 헛되지 않아.'라고 나를 격려해 주었던 생선 사건 이후로도 은율이는 나를 여러 번 감동시켰다. 최근에 은율이는 새끼를 밴 어항 속 구피 한 마리를 작은 어항에 따로 분리해주었다. 얼마 후 어미가 눈에 보이지도 않는 좁쌀만 한 새끼를 낳았을 때도 이를 처음 발견한 것은 은율이었다.

다음 날 집에 놀러 온 이모에게 은율이는 새끼 구피를 자랑했다. 이모가 새끼들 생일파티 해주자며 호응해주자 은율이는 이렇게 이야기했다. "엄마 물고기에게도 파티해주자. 아기 낳은 거 축하한다고…." 친정 언니와 나는 서로를 바라보며 뭉클한 미소를 지었다. 그날 밤에는 새끼 낳기 전까지 잠시 분리해둔 어미 물고기를 큰 어항에 넣어주며 "엄마, 엄마 물고기가 갑자기 물고기들이 많은 데 들어가면 스트레스 받지 않을까?"라고 말하기도 했다. 은율이는 아직 숫자 세는 것도 서툴고 읽을 줄 아는 글자도 몇 개 되지 않지만 공감할 줄 아는 아이가 되어가고 있고, 나는 그것이 감사하다.

아이는 엄마의 소유가 아니다

30대 중반 뉴질랜드에서 가족상담학교를 할 때였다. 자연이 푸르던 그곳의 공기 냄새가 마치 어제 머문 듯 생생하다. 선교단체 베이스캠프였는데 넓은 마당에 한 층짜리 숙소들이 마치 스머프 마을처럼 옹기종기 모여 있었다. 내 방 바로 옆에는 연세 지긋한 뉴질랜드인 부부가 머물고 있었다. 온유하고 따뜻한 그분들은 학생이 아니라 베이스의 스태프셨다.

어느 날 아침 남자분과 대화를 할 기회가 있었다. 곡괭이와 여러 도구로 주변을 열심히 가꾸시던 그분은 본인을 은퇴한 교사이며 '스튜어드'라고 소개하셨다. 이름이 스튜어드인 줄 알고 배가 산으로 가는 대화를 하는 중에 이를 눈치 챈 그분은 친절하게 자신이 베이스에서 맡은 임무가 steward 즉, 청지기라고 설명하셨다.

본인의 임무를 얼마나 자랑스럽게 이야기하시는지, 영문학 전공자로서 스튜어드라는 단어를 모를 리 없던 나에게 그 단어는 완전히 새롭게 와 닿았다. 이 넓은 선교단체 부지가 자신의 것이 아니지만 최선을 다해 기쁘게 가꾸시는 그분이 정말 아름다운 청년 같았다.

나는 은율이를 키우는 동안 7년 전의 이 일을 자주 떠올리며 청지기라는 단어를 가슴에 새겼다. '청지기의 마음가짐' 바로 그것이 이리저리 치우치지 않는 양육의 가이드라인이 되어야 한다고 생각했다. '청지기'란 주인이 맡긴 것들을 주인의 뜻대로 관리하는 위탁관리인을 말하는 성경적 표현이다. 은율이를 키우며 사랑으로 포장된 내 안의 욕심이 느껴질 때마다 이 청지기란 단어를 떠올리며 마음을 고쳐먹곤 했다.

은율이는 나의 소유가 아닌 하나님이 나에게 맡겨주신 귀한 존재라고 생각한다. 뉴질랜드의 그 스탭 할아버지처럼 나 역시 딸의 청지기이다. 딸의 삶을 가꾸어 주고 그 삶에서 선한 것들이 열매 맺을 수 있도록 돕는 성실한 청지기 엄마 역할을 하고 싶다. 아이가 내 소유가 아님을 기억하며 귀한 손님 대하듯 청지기의 사랑을 할 것이다.

아이를 맡긴 하나님 앞에 갔을 때 칭찬 받는 엄마이고 싶다.

아이에게 명령하지
말고 대화하라

배우 최수종 씨가 〈옥탑방의 문제아들〉이라는 프로그램에 출연해 자녀 교육법을 공개했다. 최수종 씨의 자녀교육 비법은 바로 자녀들에게 항상 존댓말을 쓰는 것이란다. 아이들이 반말을 따라 쓰지 못하게 하려고 시작한 존댓말이 습관이 되었다고 한다. 그리고 호명할 때도 최민서 씨, 최윤서 씨라고 부른다고 했다. 그래서인지 아이들이 한 번도 거친 말로 대들거나 말대꾸한 적이 없다는 것이다. 아이에게 존댓말 하는 부모의 예는 종종 듣곤 했는데 최수종 씨의 이야기를 들으니 새삼 놀라웠다.

지인 중에 나에게 이런 고민을 털어놓은 아기엄마 B가 있다. 은율이와 비슷한 또래의 자녀를 둔 이분은 남편이 아이에게 하는 말투가 너무 거슬린다고 했다. "이거 식탁에 갖다 놓아.", "색연필 갖고 와." 남편이 아이에게 명령하듯 이야기할 때마다 마치 강아지에게 말하는 것 같이 들린다는 것이었다. 남편에게 악의가 있는 것도 아니고 아이와도 무척 잘 놀아주기에 괜한 시빗거리를 만들기 싫어 참는다고 했다.

우리는 아이가 너무나 어리기 때문에 쉽게 반말을 하게 된다. 사실 아이에게 반말과 존댓말 중 어떤 것을 쓰는 것이 유익하냐에 대한 의견은 분분하다. 나도 은율이에게 존댓말보다는 반말을 훨씬 많이 한다. 하지만, 최수종 씨처럼 존댓말까지는 못한다고 하더라도 명령어만큼은 자제하는 게 좋다는 것이 나의 생각이다. 나는 지인에게 먼저 남편과의 대화 방식을 돌아보면 좋겠다고 했다. 최수종 씨는 아내인 하희라 씨와도 서로 존댓말을 쓴다고 한다.

나도 아이를 키우면서 바쁘다 보면 남편에게 부드럽게 부탁하지 못할 때가 많다. 특히 바쁘게 외출해야 할 때, 또 한창 정신없던 은율이의 갓난아기 시절에 그랬다.

남편은 이해심이 많은 편이지만 그런 나의 말투가 반갑지는 않았을 거라는 생각이 든다. 이 글을 쓰면서 스스로 다짐해본다. 가장 가까운 남편에게, 그리고 딸에게 존중의 언어를 쓰기로 말이다.

~까 ~어때? ~할래?

▶ 2018년 제주 여행. 은율이의 웃음 소리가 들리는 듯하다. 세 살

존댓말을 자주 쓰지는 못하더라도 내가 의식적으로 노력하며 쓰는 말투에는 다음과 같은 것들이 있다.

첫째는 '~까?' 이다. 카페에서 원고 작업을 하는데 은율이가 이모와 함께 내가 있는 카페에 왔다. 엄마가 조각 케이크를 사준다고 약속했기 때문이다. 맛있게 케이크를 먹고 집으로 걸어가는 길, 가을 밤바람이 무척 시원했다. 은율이는 눈처럼 떨어지는 은행잎들을 보며 신이 나 소리쳤다. 나도 이렇게 많이 떨어지는 은행잎을 최근에 보기는 처음이었다. "이

건 아빠 은행잎, 이건 엄마, 이건 은율이."하며 조그마한 손에 은행잎을 가득 쥐었다. 나는 "은율아, 저기도 예쁜 은행잎 있네. 주워봐."라고 말하려다가 멈칫하고 "저기 예쁜 잎 주워볼까?"라고 했다. 명령어가 나오려고 하면 내가 잘 쓰는 말투는 "~까?"이다. 은율이는 엄마도 주워보라며 성화였다.

한참을 노는 은율이에게 "인제 그만 가는 거 어때~?"라고 물어보았다. 그렇다. 둘째는 '~어때?'이다. 은율이가 세 살 무렵부터 "우리 인형놀이하는 거 어때?"라고 하거나 "엄마, 우리 곰 잡는 놀이하는 건 어때?"라는 표현을 자주 쓰는 것을 보며 그것이 내가 자주 쓰는 말투이고 은율이가 이를 흉내 내고 있다는 것을 깨달았다. 은율이는 조금만 더 줍겠다며 그곳을 이리저리 뛰어다니며 놀았다.

나는 은율이를 업고 노래를 부르면서 집으로 걸어왔다. 은행잎을 쥔 손으로 엄마 목까지 안으면 힘들 것 같아서 "은행잎 엄마 줘."라고 하는 대신 "은행잎 엄마 줄래?"라고 했다. 마지막은 바로 "~래?"이다.

"~까?" "~어때?" "~래?" 이 세 어말어미만 써도 대화가 한결 부드러워진다. 그리고 존댓말이 어렵다면 청유형과 질문을 던지는 화법부터 시작해보자. 사랑스러운 엄마와 딸의 대화가 시작될 것이다.

누구에게나 통하는 '구나 구나' 매직 워드

명령어는 대화를 닫아버린다. 두 사람이 대화를 나누는 것이 아니라 한 사람이 명령하고 다른 사람은 실행에 옮기거나 아니면 반항을 하는, 일방적인 형태가 되는 것이다. 하지만 청유나 물음 또는 공감하는 말은 열려 있다. 계속 상대방이 말할 수 있게 해준다. 그중에서도 "구나"의 말투는 자녀를 키우는 분이라면 반드시 알아야 할 매직 워드이다. 존중과 배려의 육아로 유명한 푸름 아빠 최희수 씨에게 어느 날 아들인 푸름이가 이렇게 말했다고 한다. "아빠, '구나, 구나' 그 말 좀 그만해요!" 얼마나 자녀에게 그 말을 많이 쓰셨으면 아들이 그런 말을 했을까?

사실 '구나'라는 말은 상담학이나 대화법에 조금이라도 관심이 있는 사람이라면 기본적으로 익히고 가는 말임을 알고 있을 것이다. 나에게 있어 아이를 양육하는 일은 심리 상담학을 필드에서 배우는 일과 같다. 아이의 마음을 읽고, 아이가 스스로 자신의 마음을 깨닫도록 언어로 표현해주고, 또 나의 마음이 아이에게 잘 전달되도록 하는 과정이기 때문이다. 그 과정에서 가장 탁월한 효과를 발휘하는 '구나' 용법은 자녀와의 관계뿐 아니라 모든 사람과의 관계를 좋게 만드는 매직 워드이다.

첫째는 공감해주는 "구나"이다. 은율이는 잠잘 때 무섭다는 말을 자주 한다. 항상 내가 꼭 안고 자는데도 미등을 켜둔 방에서 내 팔에 안겨 "엄마, 먼저 자지 마."라는 말을 한다. 눈이 감겨서 쓰러질 것처럼 피곤할 때는 은율이의 그런 감정에 공감해주기가 정말 힘들다. 하지만 작은 아이가 얼마나 무서울까 생각하면서 "은율이가 깜깜해서 무섭구나. CD 틀어줄까? 들으면서 잘래?"라고 묻는다.

둘째는 의도를 읽어주는 "구나"이다. 어린아이들은 의도하지 않은 실수를 많이 한다. 잘해보려고 한 건데 실수해서 야단을 맞기도 한다. 그럴 때는 아이로 사는 것도 쉬운 일이 아니라는 생각이 든다. 아이의 의도를 모른 채 야단치면 "엄마 도와주려고 한 건데!"라며 이제 제법 자기 의견을 말하기도 한다. 며칠 전에 햄스터가 케이지를 탈출하는 사건이 있었다. 나는 햄스터가 탈출한 것도 몰랐는데 눈이 밝은 은율이가 "저기 피아노 앞에 햄스터다!"라며 소리쳤다. 은율이가 먼저 달려가서 햄스터를 잡으려다가 놓쳤다. 엄마가 먼저 잡게 놔두지 그랬느냐고 은율이를 나무랐다. 혹시나 햄스터가 어두운 구석에 갇혀 굶어 죽기라도 할까 봐 예민해진 내가 은율이를 탓한 것이다. 사실 은율이가 먼저 햄스터를 발견했고, 좋은 의도로 한 것인데 미안한 생각이 들었다. "은율아, 맞아, 미안해. 은율이가 빨리 구해주려고 한 건데 엄마가 몰랐구나. 정말 미안해." 다행히 햄스터는 잠시 숨었다가 나왔고 나는 내 말투를 다시금 돌아보게 되었다. 은율이가 마트에서 사 온 짐을 혼자 풀다가 밀가루를 쏟거나 치즈를

찌그러트릴 때가 있다. 그럴 때 바로 "엄마 도와주려고 그랬구나."라고 하면 내 마음도 가라앉는다.

셋째는 칭찬의 "구나"이다. 아이를 세밀히 관찰하다가 구체적인 칭찬거리가 있으면 나는 아낌없이 칭찬해준다. 어느 날 저녁 식사 후 은율이와 아빠는 탁자 맞은편에 앉아서 그림을 그리고 있었는데 남편이 내게 웃으며 말했다. "여보, 여기 와서 은율이 그림 좀 봐! 은율이가 토끼를 거꾸로 그렸어. 아빠 보라고 거꾸로 그렸네." 상대방을 생각해서 거꾸로 그림을 그려준 은율이를 마음껏 칭찬해 주었다. "우리 은율이가 상대방을 생각하는 맘이 너무 기특하고 예쁘구나."

엄마가 되고 나니 공부할 것이 너무나 많다. 아이의 먹거리 공부, 심리 공부, 신체 발달 공부, 그리고 돈 공부도 해야 한다. 결혼 전에는 복잡한 예산안이 필요 없었는데 결혼하니 구체적인 계획이 필요하고 아이를 낳게 되니 더욱 세심해져야 했다. 이 많은 공부 중에 가장 중요한 것이 엄마의 말 공부인 것 같다. 공부는 기초가 중요하다. 명령어부터 청유형이나 의문형으로 바꾸고 그다음에 "구나" 용법을 사용해보면 어떨까? "엄마, '구나, 구나' 좀 그만해요!" 라는 아이의 행복한 투정을 듣고 싶다.

엄마의 말투만 바꾸어도 아이는 훨씬 성숙하게 행동한다.

작은 성공의
경험을 쌓게 하라

나는 대학생 때부터 '작은 성공의 경험을 쌓게 하라'는 말을 좋아했다. 그것은 대학생때 선교단체 동아리 활동을 할 당시, 목사님이 설교시간에 언급하신 내용이었다. 작은 성공의 경험을 갖는 것이 종국의 목적을 이루는 효과적인 방법이라고 하셨다.

그 말이 오랫동안 가슴에 남아서인지 나는 은율이를 키우면서 이 금언을 의식적으로 적용하고자 했다. 그런데 성공을 가져다주는 작은 경험이라는 것이 아이에게는 해내기 벅찬 과제일 수 있다. 나 혼자 하면 손쉽게 마칠 일을 은율이와 같이하면 시간이 두 세배가 걸리기도 했고 가끔은 위험이 따르기도 했다. 그래서 부모의 인내가 필요하다.

자신감과 긍정적인 자아상을 만들어준다

나는 은율이가 무언가를 시도해볼 기회를 최대한 많이 제공해주었다. 마침 가정 보육을 하므로 마음만 먹으면 이를 실천할 기회가 곳곳에 널려 있었다. 물고기, 강아지, 곤충 먹이 주기 등은 기본이며 택배 박스 뜯기와 포장하기 모두 이에 해당한다.

호기심 많은 아이들은 어른이 하는 것은 다 따라 해보고 싶어 하고, 또 자신도 그것을 할 수 있다고 믿는다. 하지만 나는 은율이가 커터 칼 같은 것을 사용하는 것은 최대한 미루고 싶었다.

평소 택배 박스 뜯는 나를 유심히 보던 은율이는 어느 날 내가 안 보는 사이에 칼을 가져와서 택배 박스를 열고 있었다. 엄마가 위험한 일을 못 하게 말리려나 싶었는지 도와달라는 말도 없이 조용히 시도하고 있었다. 놀란 마음에 소리를 지를 뻔 했지만 아이가 겁을 먹고 다치기라도 할까 봐 별일 없는 듯 다가갔다. 은율이는 칼날을 위로 향하게 하고 박스를 쑤시고 있었다.

"엄마가 하게 해줄 테니까 앞으로는 몰래 하지 말고 같이 하자."라고 했다. 그리고 은율이에게 칼 사용하는 법을 알려주었다. 은율이의 손을 잡고 조심조심 박스를 열어보았다. 은율이는 테이프가 잘려 나가는 느낌이 신기했는지, 엄마가 매일 혼자 하던 일을 자기와 같이한다는 기쁨 때문인지 밝은 표정이었다. 아이들은 할 줄 아는 일들이 하나둘 늘어나면서 자신감을 갖게 되고 그것은 긍정적인 자아상을 만드는 데 도움을 준다.

남편은 자주 "은율아, 자꾸 연습하면 돼. 할 수 있어."라며 격려해준다. 사내아이들이 할 만한 공차기나 태권도, 발차기 같은 것도 잘한다며 칭찬한다. 자란 키만큼 벽에다 표시해주며 "벌써 이만큼 컸네. 우리 은율이 기특하네." 하면서 몸의 성장도 칭찬해준다.

▶ 집안일은 소근육 발달에도 큰 도움이 된다. 파를 까는 것도 재미있는 은율이. 다섯 살

아이와 집안일을 함께 해보자

우리 집은 남편과 나 그리고 은율이가 함께 꾸미고 만든 흔적들로 가득하다. 작년 겨울 이 집에 이사 오기 전 우리는 페인트 작업을 했다. 은율이 방을 핑크로 꾸며주기로 일찍부터 약속했기 때문이었다. 페인트칠 하는 날, 나는 미술 놀이용 방수 가운을 미리 준비했다. 남편이 큰 붓질을 하고 은율이와 내가 조금씩 도왔다. 롤러로도 밀어보고 붓으로도 칠해보며 은율이는 어떤 것이 자신에게 잘 맞는지 스스로 파악해나갔다.

자신의 방을 꾸미며 은율이는 무척 뿌듯해했다. 그날의 사진을 보고 있노라면 참 행복하다. 이렇게 집안일을 나누어서 하다 보면 아이와 대화하는 시간이 자연스럽게 늘어간다. 억지로 찾지 않아도 쉽게 칭찬거리를 찾을 수 있다. 정말이지 일거양득이다.

다음 날 남편이 출근한 후 은율이와 둘이서 베란다도 칠했다. 이사한 집은 이전 주인이 어린이집으로 사용했던 곳이라 알록달록한 페인트가 칠해져 있었다. 초겨울 공기가 제법 쌀쌀했지만 은율이와 나는 즐겁기만 했다.

핑크색으로 칠한 은율이 방에 아이 방 장식용 스티커를 붙여주기로 했다. 하지만 주문한 스티커를 받아 들었을 때 나는 당황했다. 기다란 브라키오 사우르스 공룡 목에 키를 잴 수 있는 눈금이 들어간 캐릭터 스티커는 눈썰미 없는 엄마가 뜯어 붙이기엔 쉽지 않아 보였다. 엄마의 난감함을 눈치챘는지 커다란 스티커 조각을 이리저리 대어 보던 은율이는 설명서를 보지도 않고 붙이기 시작했고 엄마의 칭찬에 신이 난 은율이는 수많은 공룡과 별, 나무 스티커로 벽면 하나를 가득 채웠다.

▶ 자신의 방을 원하는 색깔로 직접 페인트칠한다. 네 살

은율이가 스스로 무언가를 해내면서 행복한 얼굴을 했던 이유는 아마도 엄마가 자신을 믿어준다는 데에서 오는 기쁨 때문일 것이다. 부모의 믿음을 먹고 자란 아이는 실패해도 다시 일어선다. 착한 아이는 '위험하

다, 하지 마라.' 하는 말에 시도할 용기조차 내지 못하지만 당당하게 키운 아이는 '내가 아니면 누가 하겠어.'라며 결과에 연연하지 않고 시작해볼 것이다. 설사 실패해도 자신에 대한 믿음을 잃지 않는다.

은율이를 키우면서 짜릿함을 느끼는 순간은 내가 은율이의 모든 '첫 순간'을 함께한다는 사실을 깨달을 때이다. 그것은 엄마로서의 엄청난 특권이다. 나는 은율이를 키우는 시간 동안 커리어를 쌓지 못했지만, 하나도 아깝지 않다. 은율이가 세상을 알아가는 신비한 순간을 모두 함께했으니 말이다.

거실 창에서 바라본 눈 쌓인 세상, 작은 손을 꼬물거리던 가위질, 엄마랑 만든 카레라이스, 까치발로 서서 대어본 교통카드…. 그때마다 은율이가 눈치채지 못 하도록 슬며시 도왔다. 금붕어 두 마리를 처음 사 온 날 나는 은율이보다 더 들떠 있었다.

"은율아, 은율이가 얘들을 어항에 넣어 볼 거야. 알았지?" 은율이는 비닐봉지에 담긴 물고기들을 조심스레 작은 어항에 옮겨 담았다. 성공이었다. 그날 밤 우리 가족은 한 젊은 부부에게서 중고 어항을 받아왔다.

남편은 은율이와 함께 욕실에서 어항에 담긴 자갈과 장식 등을 씻었다. "은율아, 네가 이 물고기 모양 장식을 닦아줘. 아빠는 자갈을 씻을게." 혼자 하면 금방 끝날 일이지만 아이와 함께 작업했다. 아빠와 함께이 일을 한다는 게 신이 난 은율이의 표정을 사진에 고스란히 담았다. 다음 날 그 사진들을 다시 보다가 뭉클했다. 칫솔로 물레방아와 물고기장식품을 씻는 은율이의 표정이 너무나 진지해서다. 아이는 자신에게 부여된 기회에 최선을 다하고 있었다.

작은 성공의 경험이 많은 아이들은 계단을 오르듯 점점 더 큰 성공을향해 나갈 것이다. 멀리서 그런 기회를 찾지 말고 집안일을 같이 하면서큰 효과를 누려보자. '도움이 되지 않으니까', '위험하니까' 못 하게 했다면 생각을 바꿔보자. 미션을 맡기면 아이는 어른처럼 대접받는다고 느끼면서 좋아한다. 지금 하고자 할 때 실컷 기회를 주고 작은 성취를 맛보게한다면 커다란 성공의 길은 스스로 닦아나갈 것이다.

작지만 새로운 시도, 그것이 아이의 하루를, 일 년을, 일생을 바꾼다.

06

비교는 아이에게
독약이다

대학원에서 알게 된 동생 중에 베트남에서 자란 K라는 매우 밝은 아이가 있다. 아빠가 대기업 주재원이셔서 어릴 때 부모님을 따라 하노이로 갔다. 베트남은 19세기에 프랑스의 지배를 받아서 곳곳에 프랑스의 잔재가 남아있다. 그런 이유로 K는 하노이에서 프랑스식 유치원에 다녔다고 한다.

학부모들의 수업 참관이 있던 어느 날 K의 어머니는 교실 벽에 전시된 그림을 죽 둘러보며 딸의 그림을 찾았다. 그런데 K의 이름이 적힌 하얀 도화지 위에 그려진 것은 그냥 쭉 그은 선 하나. 어머니가 선생님에게 그 연유를 묻자 선생님은 선 하나도 아이의 표현이고 작품이라며 그것을 존중하여 벽에 그대로 붙여두었다고 대답했다고 한다.

요즘은 많이 달라졌지만, 당시만 해도 한국에서 그런 식의 교육관은 찾기 힘들었다. K의 어머니는 그 유치원의 교육에 깊은 인상을 받으셨다고 한다. K는 나에게 이렇게 말했다. "언니, 나 그날 미술 시간이 기억나. 선생님이 그림을 그리라고 하시는데 그날따라 그리기 싫어서 그냥 쭉 선만 그었거든." 그 친구는 유치원 생활이 굉장히 재미있었다는 말을 덧붙였다. 비교가 아닌 존중이 기본이 된 유치원에서 첫 기관교육을 경험한 것은 K에게 축복이라고 생각한다.

그때 K의 어머니가 "너 왜 다른 애들은 다 그렸는데 선만 하나만 달랑 그어놨니? 다음부터는 더 잘해라."라고 했으면 어땠을까? 선생님이 K에게 "엄마가 보실 거니까 여기 공간 좀 채워 넣을래?"라고 하셨다면 또 어땠을까?

이 이야기를 하다 보니 1년여 전쯤인 은율이 네 살 때의 일이 떠오른다. 은율이가 또래 친구나 기관에 관심을 보여 놀이학교에 등록해 주었다. 며칠은 잘 지내는 것 같았는데 수업을 마치고 선생님이 보내준 사진 속의 은율이는 어두운 표정이었다. 그리고 1주일 정도가 지났을 때는 급속도로 흥미를 잃었고 심하게 울어서 결국 그만두게 했다.

마침 월말이라 은율이가 그동안 선생님과 작업했던 것을 책으로 받아
보게 되었다. 양 그림에 솜 같은 것을 붙인 은율이의 작품이라고 했다.
집에 돌아와서 그 작품을 보자 은율이는 "어? 나 이날 엄마랑 헤어지고
울다가 이거 안 했는데?" 무슨 말인지 몰라 어리둥절했는데 이내 알아차
렸다. 완성하지 못한 작품을 선생님이 마무리 지어준 것이다. 엄마들의
바람에 맞춘 선생님들의 선택이었다고 생각은 하지만 조금은 씁쓸한 기
억이다.

▶ '바닷가에서 노는 토끼 아가씨'
은율이가 본인 작품에 붙인 제목.
다섯 살

비교당한 아이는 열등감과 우월감을 끝없이 방황한다

자존감을 가장 빠르고도 쉽게 망칠 수 있는 것이 비교다. 어떤 독성보다도 강하다. 아이가 내면에서 솟아난 동기로 삶을 주도적으로 살아가는 것이 아니라 남에게 끌려다니면서 살아가게 하려면 비교하면 된다. 세상에는 나보다 잘난 사람들이 항상 있게 마련인데 어릴 때부터 비교를 당하면 아이는 무기력한 존재가 된다.

'비교'가 치명적인 이유는 우월감과 열등감의 극단을 오가게 하는 데 있다. 결혼, 직업 등 인생의 중요한 선택을 앞두고 자신의 내면의 소리에 귀 기울이기보다 다른 이와 비교하며 선택지를 지워나가는 경우가 많다.

자녀에게 자극을 주기 위해서 일부러 비교한다는 부모님들이 있다. 공부 잘하는 또래 친구나 말 잘 듣는 형제와 비교하는 식이다. 하지만 부모의 바람과는 다르게 결과는 정반대다. 그 이유는 비교당했을 때 우리 기분이 어떤지를 생각해보면 쉽게 알 수 있다.

어린 시절 비교로 인한 트라우마가 얼마나 치명적인 영향을 끼치는지 다음의 사례를 통해 말하고 싶다. P라는 아기 엄마의 이야기다. 3남매의 둘째였던 그녀는 언니랑 동생이 너무나 공부를 잘한 탓에 늘 비교를 당했다. 본인도 잘하는 편이었지만 언니와 동생이 너무 뛰어났던 것이다. 부모님의 비교로 인해 P의 자존감은 성인이 되어서도 바닥을 쳤다. 노력해서 어느 정도는 극복했지만 쓴 뿌리가 불현듯 올라온다고 한다. 비교로 인한 불행을 자기 자식에게는 물려주지 않으려고 했지만 또래보다 발육이 늦은 자녀를 다른 아이들과 비교하며 자책하게 된다고 했다.

또 다른 지인은 초등학교 저학년 때 엄마가 다른 친구와 비교하며 자신을 꾸짖었는데, 그때 느낀 비참한 기분이 서른이 넘은 지금도 생생하다고 한다. 세상에서 자식을 가장 사랑하는 엄마가 무심코 던진 말이 아이들에게 평생의 올무가 된 것을 생각하면 특별히 우리의 입술에 파수꾼을 세워야겠다는 생각이 든다.

비교당하지 않으면 비교하지 않는 어른이 된다

최근에 은율이가 미술학원을 다니게 되었다. 온몸에 물감을 묻히며 자유롭게 놀게 하는 수업이 많아 마음에 들었다. 수업을 마치고 아이들의 작품 설명을 듣는 시간이었다. 다른 아이들 도화지는 밑그림이 보이지 않게 까맣게 칠해져 있는 반면 은율이것만 하얀 밑그림이 다 보여서 어찌된 일인지 궁금했다. 도화지에 밑그림을 그리고 그 위에 까만색으로 덮은 후 날카로운 것으로 긁어내 컬러 색이 드러나게 하는 소위 '스크래치 컬러링' 수업이었는데 은율이 작품만 미완성으로 남아 있던 것이다. 선생님은 웃으면서 내게 이야기해주었다.

"은율이는 자기가 정성스럽게 그린 그림을 까만색으로 덮고 싶지 않대요. 그래서 그대로 놔두었어요." 나 같으면 선생님이 무섭기도 하고 나만 다르다는 것이 불안해서 싫어도 내색하지 않고 따라 하고, 기껏해야 집에 와서 엄마에게만 속상한 마음을 터놓는 게 전부였을 것이다. 나는 은율이가 남들이 다 검은색을 칠할 때 따라가고 싶지 않은 마음이 들었다는 것과 선생님께 자신의 생각을 정확히 밝혔다는 사실이 대견했다. 무엇보다 자신을 남과 비교하지 않는 만큼 다른 사람의 개성도 존중할 것이라는 생각에 양육의 보람마저 느꼈다.

'비교'의 해악을 설명하면서 나는 친정엄마가 떠올랐다. 엄마는 우리 세 남매를 키우시며 누구네 집 애들은 공부를 이만큼 한다더라, 누구는 벌써 좋은 직장을 잡았다더라, 누구는 어려운 시험을 통과했다더라는 말씀을 하지 않으셨다.

대학을 졸업하고 취업을 준비할 때였다. 자기소개서와 이력서를 쓰고 면접을 보러 다니느라 힘든 시간을 보냈다. 비좁은 자취방에서 A4 한 장에 그 동안의 내 삶을 메마른 문장으로 적어 내려가는 일은 나를 무척 소진시켰다. 조금 쉬고 싶어 집에 내려갔을 때 엄마는 말없이 내가 좋아하는 음식을 해주시며 격려해주셨다.

내가 은율이를 남과 비교하지 않고 키울 수 있는 원동력이 있다면 그것은 내 몸이 기억하는 엄마의 따뜻함 때문일 것이다. 비교당하면서 상처받은 적이 없으니 나도 자연스럽게 비교하지 않게 된다. 비교를 통해 아이를 엄마의 틀에 맞추려 하면, 아이는 '착하게' 자랄지 모르지만 결코 건강한 인격체로 성장할 수 없다. 독약이 아닌, 세상을 치유할 약을 그 가슴에 품은 아이로 키워내자.

비교의 독약이 아닌, 세상을 치유할 약을 그 가슴에 품은 아이로 키워내자.

07

행복한 내 아이
전문가가 되라

요즘은 전문가라는 말을 부쩍 많이 사용한다. 웃음 치료 전문가, 유튜브 전문가, 자녀 교육 전문가 등 이전에 없던 많은 전문가가 생겨났다. 박사라는 말과 달리 전문가는 일정한 학위가 요구되는 것은 아니다. 그렇다면 전문가란 무엇일까? 전문가를 네이버 사전에서 한 번 찾아보았다.

"전문가 : 어떤 분야를 연구하거나 그 일에 종사하여 그 분야에 상당한 지식과 경험을 가진 사람."

영어로 전문가에 해당하는 expert를 영영사전에서 찾아보았다. 영영

사전을 그대로 번역하면 다음과 같다.

"특정 대상이나 주제에 대한 특정한 지식이 있는 사람, 특정 대상이나 주제에 대해 많은 것을 알고 있는 사람. 유의어로는 specialist가 있다."

나는 나 자신을 내 아이 전문가라고 부른다. 사전적 정의로 풀어보자면 은율이라는 대상에 대한 상당한 지식과 경험을 가진 사람이며 은율이에 대해 많은 것을 알고 있는 사람이다. 나는 한 마디로 은율리스트인 것이다. 누구나 전문가라는 호칭을 쓸 때는 그만큼의 자부심을 느끼고 책임감을 느낄 것이다. 나 역시 마찬가지다. 은율이를 세상 누구보다 잘 알고 있으며 은율이에 대해 가장 큰 책임감을 느끼고 있다.

육아서 읽기로 내 아이 전문가 되기

은율이를 기관에 보내라고 자주 말하던 지인이 있었다. 그분은 과거 어린이집 선생님이었던 50대 주부였다. "엄마들은 아이가 어린이집에서 다르게 행동하는 것을 몰라요. 우리는 그 아이에 대해서 엄마들보다 더 잘 알거든요. 우리가 전문가이기 때문이에요." 그 말을 듣는 나는 마음이 너무나 불편했다. 도대체 기관 선생님들이 엄마보다 아이를 더 잘 알고 있다는 자신감은 어디에서 연유한 것일까.

내 아이에 대해 제대로 파악이 안 된 채, 엄마들이 너무 일찍 자녀의 교육을 기관에 일임하다 보니 양육의 주도권을 상실한 것이 아닐까 하는 생각이 들었다. 나는 늘 내가 은율이의 전문가라고 생각해왔기에 '더 전문가'에게 맡기기 위해 싫다는 아이를 등 떠밀어 어린이집에 보내지는 않았다. 아이마다 기관에 가야 할 시기는 다르다. 기관을 논하기 전에 서양의 학교라는 것이 생겨난 배경부터 말하자면 이번 장을 다 채워야 할지도 모른다. 어쨌든 밑도 끝도 없이 너보다는 우리가 더 잘 아니까 전문가한테 맡기라는 말은 무례하게 들렸다.

누군가에게 "우리 아이는 내가 잘 알아요!"라고 내뱉기 위해서가 아니라 정말 내 아이를 깊게 이해하고 있다고 말할 수 있으려면 어떤 노력을 해야 할까? 나는 그 어떤 것보다 수준 높은 육아서 읽기를 권하고 싶다. 나는 육아서와 아동심리서를 읽고 공부하면서 "내가 할 거야!"라며 고집을 부림과 동시에 엄마가 재활용 쓰레기를 버리러 가는 등 조금만 자신과 떨어져도 불안해하는 이중적인 아이의 모습을 잘 이해할 수 있었다. 동물훈련사 강형욱 씨가 강아지들의 행동 언어를 잘 이해하듯 나는 은율이의 울음, 행동, 언어의 진의를 잘 파악할 수 있게 되었다. 육아서가 없었다면 나는 아이를 키우면서 지도 잃은 탐험가처럼 표류했을 것이다.

아이를 키우면서 가장 힘든 순간은 아마도 아이가 아플 때일 것이다.

은율이가 22개월일 때 장염에 걸렸었다. 24시간 이상 소변을 보지 않는 것이 이상해서 동네 병원을 찾았을 때 의사는 당장 입원시키는 것이 좋겠다고 했다. 택시를 타고 큰 어린이 전문병원으로 가서 여러 검사를 거치며 자지러지게 우는 은율이와 씨름하고 나니 온몸이 땀에 젖었다. 남편이 일을 마치고 찾아왔을 때 나는 맥이 풀렸다.

조그만 몸에 링거를 꽂고 폴대를 밀며 걸어 다니는 은율이가 너무나 안쓰러웠다. 울어서 퉁퉁 부은 눈, 링거 바늘 고정용 반창고를 붙인 손, 장염으로 인해 밥을 먹지 못하는 은율이를 보는 마음이 너무 아렸다. 병원 취침시간이 됐지만 은율이는 잠을 이루지 못했다.

힘없이 축 처진 은율이를 업고 링거 폴대를 끌고 병원 건물 밖으로 나갔다. 3월이지만 밤공기는 차가웠다. 겉옷 하나 없이 얇은 원피스 하나만 입고 서둘러 병원에 왔던 터라 한기가 뼛속까지 파고들었다. 열이 많은 체질인 은율이는 시원한 바람을 쐬며 엄마 품에서 잠들기를 좋아했다. 그래서 잠 못 드는 아이를 둘러업고 찬송가를 불러주며 병원 건물 주변을 천천히 걸어 다녔다.

다음날도 은율이는 자정이 가까운 시간이 될 때까지 잠들지 못했다. 복도로 나온 은율이는 여기저기 빈 병실을 돌아다녔다. 그러다가 눌러본 자동문 버튼이 신기했는지 버튼을 누르고 엘리베이터 앞까지 나갔다가 들어오기를 수도 없이 반복했다. 나는 은율이와 함께 걸었다. 남들에게 방해가 되는 행동도 위험한 행동도 아니었다. 그저 나의 인내심만이 필요할 뿐이었다. 육아서를 읽으며 아이들에게 세상의 모든 것들이 얼마나 신기하게 보이는지를 알았기 때문에 채근하지 않고 기다려줄 수 있었다. 새벽까지 복도를 왔다 갔다 하던 은율이는 내 품에서 곤히 잠들었다. 아이는 아프고, 엄마 아빠는 파김치가 되었지만, 짜증 없이 간간히 웃으며 그 며칠을 지낼 수 있었던 것은 육아서로 쌓인 내공 때문이었다.

▶ 장염으로 입원한 병원에서. 22개월

은율이가 퇴원하던 날 남편은 출근길에 이런 장문의 문자를 보내왔다.

"병원에서 당신이 보여준 사랑과 희생에 정말 놀랐어. 세상에 당신 같은 엄마는 없을 거야. 얇은 원피스 하나 입고 짜증 한 번 없이 애를 업고…" 그 날의 문자는 혹독한 수련 과정을 마친 후 받은 자격증 같이 느껴졌다. 가장 가까이서 나를 지켜보는 사람에게서 인정을 받은 것이다. 내 아이 전문가가 되면 아이랑 있는 일상이 점점 더 재미있어진다. 처음에는 힘들어도 쉬운 길을 택하지 않고 아이와 부대끼며 오롯이 그 시간을 견디다 보면 점점 재미라는 것이 느껴진다. 서로 할 말이 많아지고 눈빛만 마주쳐도 아이의 마음을 알게 된다. 그러면 전문가를 넘어 대가 즉, 마스터로 인정받는다.

22개월이던 은율이가 54개월이 된 오늘까지 나는 '은율 전문가'의 자리에 자부심을 가지며 헌신, 인내, 사랑, 여유로움 같은 필수과목을 배우고 곤충, 금붕어, 햄스터, 강아지 키우기와 빵굽기 같은 선택 과목을 이수해 나가고 있다. 나는 경쟁자가 없는 분야에서, 세상에 하나뿐인 내 아이의 행복한 전문가다.

가장 귀한 생명에 최선을 다하면 나의 꿈도 이루어진다

내 아이 전문가가 되면 진짜 나를 찾을 수 있다. 흔히들 아이를 키우면 커리어를 잃어버린다고만 생각한다. 하지만, 꼭 그런 것만은 아니다. 나는 5년간 세상과 단절된 삶을 살았다. 20대부터 나의 꿈은 작가, 그리고 가족 상담사였다. 책이 좋아 언제나 책 곁에 머물렀고, 가정을 소중히 여겼다. 그러다 보니 변호사라는 꿈보다는 아이에게 우선순위를 두게 되었다.

▶ 딸은 점점 친구 같아진다는 말을 느낀다. 은율이가 '호박 카페'라 부르던 별내의 한 카페. 네 살

아이를 키우며 늘 글을 쓰고 싶다고 생각했다. 전문적이면서도 감동이 있는 책을 써서 엄마들에게 도움이 되고 싶었다. 하지만 아이가 어릴 때는 나를 돌아볼 시간이나 꿈을 꺼내어 볼 여유가 허락되지 않았다. 은율이가 다섯 살이 되면서 상황이 조금씩 나아졌다. 그리고 지난 여름 은율이와 떠난 제주 한 달 살이에서 많은 영감이 쏟아졌다. 내가 무엇을 해야

하는지가 명확해졌다. 먹고 마시는 걸 잊을 만큼 원고 쓰기에 몰입했다.

5년의 세월은 나에게 생명, 사랑, 성장 그리고 헌신에 대한 깊은 깨달음을 주었다. 육아에 대한 전문지식을 쌓게 했음은 물론이다. 그리고 마지막 키워드인 '꿈'을 주었다.

세상에서 가장 사랑하는 존재를 주제로 한, 바로 나의 전문분야에 대한 책을 쓰게 된 것이다. 사랑하는 아이에 관한 책을 쓰며 20년 동안 가슴에 품어온 두 가지 꿈을 모두 이루게 되었다. 나에게 주어진 삶에 가장 충실할 때 다음 문이 열린다고 믿는다.

나에게 주어진 삶에 가장 충실할 때 다음 문이 열린다.

08

소신 있는 엄마가
아이를 행복하게 한다

내가 다섯 살이 되도록 아이를 집에서 키운다고 하면 다들 놀라곤 한다. 임신했을 때부터 미리 어린이집 대기를 걸어 놓아야 한다는 소리를 귀가 따갑게 들었다. 우리 동네는 출산율 걱정이 다른 나라 이야기처럼 들릴 정도로 아이들이 많았다. 집값이 상대적으로 저렴하고 녹지가 많은 데다 도심 접근성이 좋아서 신혼부부들이 선호하는 곳이었기 때문이다. 나는 결혼 전부터 아이를 일찍 기관에 보낼 생각이 없었다.

유년 시절의 따뜻한 추억이 소신 있는 엄마를 만든다

사실 나는 우유부단한 면이 있다. 선택의 순간에도 망설일 때가 많다.

그런데 양육에 있어서만큼은 어떻게 이런 강한 소신을 가지게 되었는지 나 자신도 신기할 때가 있다. 어릴 때 오빠와 언니와 보낸 즐거운 유년 시절의 기억과 부모님과의 추억이 이런 소신에 일조한 면이 있다. 엄마는 우리가 어릴 때 일을 하시며 바쁜 와중에도 우리와 소소한 추억을 쌓는 일에 늘 최선을 다하셨다. 아직도 생생한 기억들이 있다.

엄마가 퇴근길에 사 오신 우리 자매의 머리핀, 12월이 되면 어김없이 사 오시던 크리스마스 장식들. 세 아이를 키우시며 일하시던 엄마가 퇴근길에 들고 오시던 작은 선물들을 보면서 몸은 떨어져 있지만 온종일 우리 생각을 하신 엄마의 사랑을 느낄 수 있었다. 어떻게 그런 것들을 늘 소소히 챙기셨는지 엄마가 된 지금 생각해보니 더 놀랍다. 아직도 나는 어린 시절 그 머리핀들을 추억 상자에 담아 보관하고 있다. 그것들을 보고 있노라면 나는 30년 전으로 돌아가는 듯한 기분을 느낀다. 엄마가 구워주시던 계란빵이나 돈가스 냄새도 아직 기억난다. 특별한 베이킹 도구도 오븐도 없었지만 정말 꿀맛이었다.

자수성가를 꿈꾸시며 젊은 시절부터 쉼 없이 일하신 친정아빠는 주말마다 가족들과 함께 하는 시간을 갖기 위해 노력하셨다. 자주 다녔던 뒷산 약수터, 종종 오르던 팔공산, 휴가마다 떠났던 계곡, 채집 채를 들고 메뚜기를 잡으러 다니던 들판은 아직도 기억이 생생하다. 부모님은 생계를 위해 열심히 일하셨지만, 인생에서 가장 중요한 것이 무엇인지 몸소 보여주셨다. 그것은 바로 가족 간의 사랑이다. 그것이 정답임을 알기에 나는 흔들림 없이 아이를 키우는 일에 기쁨으로 최선을 다하고 있다.

다양한 경험은 소신 있는 엄마를 만든다

나는 다양한 국적의 사람들이 아이를 키우는 모습을 볼 기회가 많았다. 남편을 만나기 1년 전 뉴질랜드에서의 가족 상담을 공부하며 부모가 자녀에게 미치는 영향에 대해 깊이 있게 배웠다. 상담학교에는 부부의 문제 해결에 도움을 받고자 온 경우, 가족관계를 더욱 돈독히 하고자 온 경우, 또는 그곳의 스텝으로 온 경우 등 다양한 이유로 여러 나라에서 온 사람들이 있었다.

아이를 자유롭고 독립적으로 키우는 독일인 부부를 보며 배웠다. 프랑스에서 자란 미국인 아빠와 독일인 엄마가 아이 넷을 키우는 가정도 인상적이었다. 또한, 아빠가 러시아인, 엄마가 호주인인 가정도 있었는데, 그 가정의 장녀인 샤샤를 보며 많은 것을 느꼈다. 샤샤는 우리 나이로 고등학교 1학년이었다. 엄마 리젯은 러시아인 남편을 만나 호주와 러시아를 왕래하며 살고 있었다. 샤샤의 호주 집에도 가보았던 나는 세상에 이렇게 아름답고 평화로운 동네가 있다는 사실에 감탄했다. 엄마 리젯은 나에게 이렇게 말했다. "이런 걸 다 버리고 가다니. 사람들은 이해 못 할 거야. 그렇지?" 리젯은 러시아에서 선교활동을 하며 지내고 있었다. 샤샤의 동생들은 학교에 다니지만, 샤샤는 스스로 홈스쿨을 택해 교육을 받고 있었다. 열일곱 살이라고는 도저히 믿기 어려운 높은 정신 연령에 얼마나 놀랐는지 모른다. 아프리카의 소녀를 위해 모금하는 영상을 만들자 지역 방송국에서 그녀를 취재하러 오기도 했다.

리젯은 네 자녀에게 잔소리를 하는 법이 없었다. 그렇다고 집안일을 꽤 잘하는 여성도 아니었다. 한 번은 샤샤가 집안 세탁을 도맡아 하는 모습을 보고 내가 칭찬하자, "우리 엄마가 내 니트를 잘못 세탁해서 다 줄여놓은 적이 있다"며 웃었다. 자신이 더 집안일을 잘한다는 것이었다. 완벽한 엄마는 아니지만 자신 있고 소신 있게 살아가는 엄마의 네 자녀는 매우 당당하고 독립적이고 밝았다.

그런저런 모습들을 보며 나는 수업 시간에 배운 것을 간접적으로 적용해볼 수 있었다. 아이를 낳으면 저 부부들처럼 키우고 싶다는 것이 자연스러운 소망으로 자리 잡았다. 아이를 자연환경에서 키우고 싶다, 많이 뛰놀게 하고 싶다, 양적인 시간을 꼭꼭 채우고 싶다는 바람을 가졌다. 내 아이의 잠재력과 개성을 지키고 싶은 소망이 소신 있는 엄마를 만든다.

▶ 엄마와 함께 요리하는 은율이는
언제나 웃음 가득. 다섯 살

처음 길거리에서 만나는 사람도 대놓고 "어린이집을 보내야 사회성이 발달한다."라며 훈계를 늘어놓기도 한다. 그러나 나는 은율이가 교육기관을 접하는 시기, 그리고 어떤 교육기관을 접하게 할지에 대해 매우 신중한 편이다. 어린 시절에 듣는 말이나 경험은 아이들에게 큰 영향을 미치기 때문이다. 은율이와 아파트 놀이터를 지나가는데, 유치원 선생님을 따라 놀러 나온 귀여운 아이들이 보인다. 선생님은 재잘거리며 장난치는 아이들을 타이르느라 분주하다. 서서 그네를 타는 여자아이에게 주의를 주는 모습도 보았다. 은율이 역시 얼마 전부터 서서 그네를 타며 속도감 있는 활강을 즐기기 시작했는데 이 유치원에 다녔더라면 제지당했을 것이다.

유치원에서 여러 명을 전담하는 선생님이 아이들을 위험한 환경에 둘 수는 없는 노릇이다. 하지만 엄마는 아이가 다양한 모험을 시도할 수 있도록 지켜봐줄 수 있다. 은율이가 아직은 엄마 옆에 있는 것이 좋다고 해서 지금은 같이 시간을 보내고 있다. 선생님을 따라 왁자지껄 골목을 메운 또래 아이들이 지나가는 모습을 지켜볼 때마다 나는 은율이에게 이야기 한다. "저기 친구들처럼 언제든 유치원에 갈 수 있어. 엄마에게 말해 줘. 알았지?"

소신 있는 엄마라는 제목의 글을 쓰며 기관을 보내지 않은 것을 유달리 강조한 이유가 있다. 은율이를 키우는 5년 동안 남들이 가장 의아하게 생각했던 점이면서 은율이가 '가장 원했던' 것이기 때문이다. 어느 날 지하철에서 자상한 눈빛으로 은율이에게 말을 붙이시던 할아버지가 이렇게 물었다. "왜 어린이집에 안 갔니?" 네 살 은율이가 또박또박 대답했다. "엄마 옆에 붙어 있고 싶어서요."

아이마다 성향이 다르고 엄마의 생각이나 육아관도 저마다 다양하다. 다만 너무 어린 아이들을 남들이 보낸다는 이유로 무작정 기관에 위탁하는 것에는 문제가 있다. 아이가 영·유아기, 유년기를 지나 청소년이 되어도 마찬가지라고 생각한다. 소위 대세를 따라가지 않아도 엄마가 소신을 지키고 일관된 방식으로 양육한다면 아이는 그 속에서 안정감을 찾고 행복해할 것이다. 엄마부터 내가 정말 원하는 행복이 무엇인지 자신의 마음을 들여다보자. 어린 시절 무엇을 할 때 가장 행복했는지 기억을 되살려보자. 오늘 엄마와의 추억 상자를 열어보는 건 어떨까. 어린 시절의 기억을 소환하며 내가 오늘 아이를 위해 흔들리지 않고 걸어가야 할 길이 어디인지 고민해보면 좋겠다.

세상의 소음으로부터 아이를 지켜줄 수 있는 것은 엄마의 믿음이다.

5 장

아이도,
당신도
분명 잘할 수
있을 거예요

01

감정을 읽어주는 엄마가
똑똑한 엄마이다

　자녀를 행복한 아이, 중독에 빠지지 않는 아이, 자존감이 높은 아이로 만들고 싶은, 무엇보다 이이를 키우는 시기에 자신도 행복감을 느끼고 싶은 부모라면 아이의 감정을 읽어주는 일을 우선시해야 한다.

　자존감 하나만 놓고 이야기해볼까 한다. 감정을 존중받으면 자존감이 높아진다. 자존감은 행복, 정서, 학업성취도 등 모든 것의 키워드이다. 육아에 있어서 전업주부나, 워킹맘 모두 나름대로의 고충이 있다. 엄마들은 일하러 가도 울고 집에 있어도 운다는 말이 있다. 일하러 나가면 아이에게 미안한 마음이 들고 집에 있으면 아이 키우는 일이 힘들어서 운다는 뜻이다. 엄마들의 마음을 잘 대변한 말이다.

엄마들이 이렇게 아이를 키우며 힘든 시간을 보낼 때 남편이 "정말 고마워, 여보. 당신 덕에 이렇게 예쁜 아이가 잘 커가는 것 같아. 당신은 참 좋은 엄마야."라고 이야기해준다면 엄마로서의 자존감이 얼마나 높아지겠는가. 좋은 기분을 유지하기가 쉬울 것이고 집안일도 직장 일도 더 잘 병행해낼 힘이 생길 것이다. 여자로서 행복함을 느낄 것이다.

반면에 아내의 미세한 감정을 알아차리지 못한 남편이 "왜 이렇게 늘 당신은 힘든 표정이야? 짜증만 내고. 우리 엄마는 새벽부터 일하시면서 할머니도 모시고 우리 남매 키우셨어."라고 한다면 어떨까? 아무리 자존감이 높았던 여성일지라도 우울감과 무기력을 느낄 것이다.

▶ 엄마의 목소리와 품은 최고의 안정감을 준다

감정을 읽어주면 갓난아이도 안정을 찾는다

내가 처음 감정 읽기에 관심을 가진 것은 은율이가 돌이 채 되기 전이었다. 아이가 우는데 엄마로서 그 이유를 도통 알 수 없을 때가 있었다. 특별히 아프거나 불편한 곳이 있어서, 배가 고파서도 아니었다.

어느 날 이 방법 저 방법 다 써도 울음을 그치지 않는 7개월 된 은율이를 안고 나지막이 기도했다. 그랬더니 정말 거짓말처럼 은율이가 잠잠해지는 게 아닌가? "어머니, 은율이가 울 때 기도해주니까 울음을 그치더라구요." 신앙심이 깊은 어머니께 말씀드리니 "그래~? 기특하고 신기하구나." 하셨다.

그 다음으로 해보았던 방법은 노래 불러주기였다. 이 역시도 효과가 있었다. 덕분에 위기를 모면한 적이 여러 번 있었다. 아이는 따뜻한 감성으로 대하면 심리적 안정을 취한다는 것을 알게 되었다.

감정 읽기는 육아에 날개를 달아준다

감정 읽기는 나의 육아에 날개를 달아주었다. 앞 장에서도 이야기했지만, 물건을 사겠다는 떼쓰기 상황에 큰 도움을 주었다. 목욕을 안 하겠다고 버티거나 식전에 간식을 먼저 먹겠다고 고집을 부리는 상황을 해결하는 데에도 효과적이었다. 아이에게 목청을 높인 후 나를 자책하는 악순환을 피하게 해준 것이 바로 이 감정 읽어주기였다.

감정 읽기 역시 거울과 같아서 엄마가 감정을 잘 읽어준 아이는 공감 능력이 뛰어나다. 반면 엄마가 우울감이나 무기력증으로 아이의 감정 돌봄에 소홀한 경우에는 아이의 감정회로가 막히는 경우가 많다.

내가 아는 젊은 미국 교포 부부가 있다. 남편은 꽤나 외향적이었고 친절한 사람이었다. 그런데 하루는 부인이 남편의 정서적 한계를 느낄 때가 종종 있다는 이야기를 나에게 전하면서 남편이 우울증을 앓은 어머니 밑에서 자란 영향을 받은 것 같다고 했다.

은율이를 키우면서 일찍부터 감정 읽기의 중요성을 알게 되었고 그 부분을 깊게 공부하면서 혜택을 가장 많이 본 것은 사실 나 자신이기도 했다. 감정 읽기의 수혜자가 은율이보다 나라고 생각하는 이유는 그것이 육아 시절을 고통이 아닌 행복한 시간으로 만들어주기 때문이다. 그 시절 "시간이 멈추었으면 좋겠다."는 생각을 생각을 자주 했다.

여러 감정 중, 상실의 감정은 반드시 읽어주라

여러 감정 가운데 상실의 감정에 대해서 이야기하고자 한다. 스위스의 정신과 박사 엘리자베스 퀴블러 로스는 상실에 따르는 반응을 5단계로 정리한 바 있는데 그것은 부정, 분노, 타협, 절망 그리고 수용이다.

올해 봄 우리 가족은 아울렛 나들이를 갔다. 쇼핑을 마치고 나오는 길에 은율이의 눈을 사로잡은 것이 있었는데 바로 인기 캐릭터 인형 모양의 헬륨 풍선이었다. 그 풍선을 선물 받은 은율이는 세상을 다 가진 듯 행복해했다. 저녁을 먹고 밤에 놀이터에 갈 때도 신이 나서 그 풍선을 가지고 나갔다.

은율이와 내가 미끄럼틀 난간에 서 있는데 끈이 너무 느슨하게 묶였던지 갑자기 끈이 풀리면서 커다랗던 핑크색 풍선은 순식간에 밤하늘로 빨려 들어갔다. 망연자실 하늘을 쳐다보고 있는데 은율이가 훌쩍거리는 소리가 들렸다. 그리고 잠시 후엔 엉엉 목 놓아 울기 시작했다. 깜깜한 봄날 저녁 놀이터는 은율이의 울음소리로 채워졌다. 나는 은율이를 꼭 안아주었다. 맘껏 울 수 있는 엄마의 품을 주었고 은율이 스스로 조금 차분해질 때까지 다독여주었다.

며칠 후에도 은율이는 무언가 하늘로 날아가는 것을 보면 "내 풍선도 저렇게 날아갔잖아." 하며 서운한 마음을 표현하곤 했지만 점차 하나의 에피소드 정도로 이야기하며 받아들이기 시작했다.

은율이의 감정 읽기에 큰 도움을 받은 책, 『감정코칭』에서는 다음과 같이 말한다. "감정을 이해받은 아이는 금방 감정을 추스르고 안정을 찾습니다. 그런 감정이 자신에게만 일어나는 것이 아니라 다른 사람들도 느낀다는 점에서 안도하며, 차츰 더 적절한 언행으로 표현할 수 있게 됩니다. 그러면서 아이들은 자신과 남을 존중할 수 있게 되는 것입니다."

반면, 감정을 무시당한 아이들은 자연스럽게 위축되고, 자존감이 떨어진다고 한다. 상실감을 느낄 수 있는 크고 작은 일 앞에서 아이가 스스로 마음을 추스르고 자신의 삶에 충실하게 하려면 엄마의 역할이 중요하다.

감정을 존중한다는 것은 상대를 본래 모습대로 받아들인다는 것이다. 아이의 감정읽기는 육아에 날개를 달아준다.

완벽한 육아가 아닌
행복한 육아를 한다

"어머, 다른 집들 보면 아침마다 엄마들이 자기 아이들한테 예쁜 옷 입혀주겠다고 난리 법석인데, 은율이 엄마는 진짜 재밌는 사람이야." 산후 도우미 아주머니가 호호 웃으며 하신 말씀이다. 전날 입고 있던 지저분한 옷은 계속 입히면서도, 서서 응가 하는 아이 옆에 붙어서 책 읽어주기가 우선인 새댁, 텔레비전도 없는 집에서 동요 대신 클래식 음악을 틀어놓기를 좋아하는 나를 보며 아주머니는 늘 '희한한 사람'이라고 하셨다.

아주머니는 손재주도 없고 서툰 새댁인데 아이를 정말 예뻐하고 마음이 순수하다며 나를 많이 챙겨주셨고, 그런 아주머니를 나도 이모님이라고 부르며 잘 따랐다. 친정과 시댁이 멀어 육아의 도움을 받기 힘들었던 그 시절 남편마저 늦게 퇴근하는 난감한 때에는 당신의 귀가조차 미루고 내 곁에 있어주셨다. 우리 집 돌봄일을 그만 두신 후에도 지나는 길에 연락을 하고 들르셔서 밥을 차려주시곤 했다. 그 이모님과는 아직도 연락을 하며 지낼 정도로 관계가 돈독하다. 올해 생일에도 이모님으로부터 은율이 옷 선물을 받았다. 나는 이모님이 왜 옷을 보내주시는지 알기 때문에 웃음이 나곤 한다.

완벽할 수 없기에 행복을 마음먹었다

나는 완벽과는 거리가 먼 사람이었기에 육아과정에서 은율이와 그저 행복해지자고 마음먹었다. 나도 다른 엄마들처럼 아이 옷이며 육아템들을 야무지게 챙겨보려고 한 적이 있었다. 그런데 기저귀조차 잘 빠트리고 다니는 엄마다 보니 일찌감치 포기하게 됐다. "여보 기저귀는?", "여보, 분유?" 하고 묻는 남편의 말에 "어… 여기 하나 있었는데…", "아… 아까 타 놓고 안 가져왔나…"라고 대답하는 게 내 주특기였다. 심지어 말을 배운 은율이 조차 "엄마, 물 챙겼어?", "엄마, 기저귀 가져왔어?"라고 묻기 시작했다. 다른 엄마들은 분유 타 먹일 물의 온도까지 맞춰서 다닌다는데, 나는 그런 면에서 참 할 말이 없는 엄마였다.

그런 엄마에게 바랄 것이 없었는지 은율이는 어려서부터 까탈스럽지 않은 아기였다. 상온에 탄 분유를 잘도 먹었고 시끄럽고 낯선 곳에서도 잘 잤다. 지하철이든, 예배 시간이든, 엄마 교회 소그룹 모임이든 어디서든 잘 적응했다.

▶ 46개월의 은율이를 사진으로 담았다

추억, 추억, 추억을 쌓자

은율이가 세 살쯤 되던 어느 날이었다. 은율이랑 나들이를 갔다가 버스를 타고 동네로 돌아오던 길이었다. 은율이를 품에 안고 창밖으로 보이는 것을 화제 삼아 도란도란 이야기하는데 갑자기 앞에 앉으신 연세 지긋한 아주머니가 우리를 돌아보셨다.

"아기엄마랑 아이랑 나누는 대화를 들으니까 내가 너무 행복해져요. 둘이서 나누는 대화를 들으니까 아름다운 영화의 필름이 지나가는 것 같은 느낌마저 들어요. 내가 애 키우던 시절이 생각나네요."

나는 은율이와 이렇게 행복한 육아의 시간을 보냈다. 하지만 하루하루가 그렇게 낭만적인 순간만은 아니었다. 돌쟁이 은율이 옆에 하루 종일 붙어 있어야 할 때였다. 살림이 손에 익지 않은 나는 식사를 못 할 때도 많았다. 배가 몹시 고팠던 그 날, 나는 평소에 잘 먹지 않던 햄버거로 끼니를 때우기로 했다. 은율이가 잠들었을 때 유모차에 태워서 햄버거 하나를 사 왔다. 그 햄버거를 먹으려고 조심스럽게 포장을 벗기는 하는 순간, 바스락 소리에 은율이가 깨서 자지러지게 울기 시작했다. 겨우 아이를 다시 재우고 차갑게 식은 햄버거를 욱여넣는데 엉망인 거실과 설거지 거리가 잔뜩 쌓인 싱크대가 눈에 들어오면서 울음이 터져 나왔다. 나는 어린아이처럼 혼자서 그렇게 엉엉 소리 내어 울었다.

하루하루가 아까울 만큼 행복했던 육아의 시간이었지만, 비참함이 느껴지는 힘든 순간도 늘 공존했다. 그래서 난 불가능한 완벽을 추구하기보다는 시선만 돌리면 쉽게 잡을 수 있는 행복한 육아에 초점을 맞추기로 했다. 그 무렵 찍은 사진들 속 은율이는 대부분 실내복 또는 잠옷 차림이다. 그러나 사진 속의 은율이의 표정은 더할 수 없이 행복해 보인다.

은율이가 서너 살 때 우리 둘이 즐기던 한낮의 데이트는 우리 관계를 그 무엇보다 단단하게 해주었다. 집에서 먹던 반찬으로 도시락을 싸들고 나와 오전부터 동네 여기저기 도서관과 공원을 누비며 돌아다녔다. 놀다가 배고프면 벤치에서 도시락을 까먹고 또다시 뛰어놀았다. 그러다가 지루해질 때쯤 되면 서울 도심의 박물관, 공원, 과학관 등을 열심히 찾아다녔고 시댁에도 들렀다. 몸에 나쁜 것은 잘 먹지 않던 나도 그 무렵은 은율이와 토스트 가게에 종종 갔다. 그런 곳에 엄마랑 가면 어른이라도 된 듯 은율이는 들떠 했다.

어느 날은 문득 이렇게 시간을 보내다가는 아이가 다 커버릴 것 같았다. 그래서 휴대폰 카메라에 담지 못하는 시간 기록을 위해 단골 스튜디오에 가서 엄마와 딸 커플 사진을 찍기도 했다. 인화를 따로 하지 않고 수정도 하지 않으니 저렴한 가격으로 기념사진을 남길 수 있었다.

남편을 위해서도 완벽이 아닌 행복한 육아

남편이 당시 집에서 먼 곳으로 직장을 옮기면서 출퇴근 시간이 늦어졌다. 아빠와 놀기를 좋아하는 은율이는 저녁 늦도록 잠을 자지 않을 때가 많았다. 애들은 일찍 재워야 한다는 고정관념을 내려놓고 그저 그 시간을 즐겼다.

특히 여름밤의 산책은 아직도 가장 행복한 기억 중의 하나이다. 산책하면서 남편과 이런 저런 이야기를 나누기도 하고 놀이터에서 아이와 같이 뛰어 놀다가 돌아왔는데, 그 길에 은율이는 조용히 잠들곤 했다.

가끔 아빠와 둘만 저녁 산책을 하다 돌아오기도 했는데, 남편 호주머니에서 과자나 아이스크림 봉지를 발견하면 나는 눈을 흘기고 남편은 머쓱해했다. 어느 날 초등 교사인 친구에게 그 일을 얘기했더니 다음처럼 이야기해주었다. "아빠랑 둘이 나가서 간식 먹는 일이 얼마나 재밌겠어? 아빠랑 나들이 가서 먹는 과자가 아이한테는 행복한 추억일 거다. 아빠에게도 그렇고." 그 조언을 들은 후부터는 웃어넘기게 되었다.

은율이는 밥을 먹다가 잠들기도 하고 내 옆에 앉아서 책을 읽다가 앉아서 잠들기도 한다. 아이들은 모든 순간을 행복으로 만들 줄 안다. 아이가 바라는 것은 완벽한 엄마가 아니다. 자신이 이미 행복하기에 그 행복을 엄마가 같이 누려주기만을 바라고 있다.

"엄마, 이거 봐!", "엄마 여기 와봐!" 할 때 잠시 하던 일을 멈추고 아이에게 다가가서 눈 맞추고 이야기를 들어 주자. 아이가 부르는 그곳에 완벽함을 대체하고도 남을 행복이 있다.

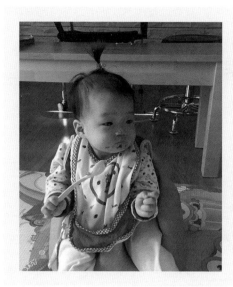

▶ 흘리고 묻혀도 스스로 먹게 했다.
7개월

아이와의 추억만큼 인생에서 아름다운 것은 없다.

육아, 조금만 힘을 빼면
행복합니다

잘하려고 하다가 일을 그르치는 경험이 모두에게 있을 것이다. 나도 그런 경험이 많다. 그냥 평소에 하던 대로 메이크업을 하면 됐을 텐데 졸업식이라며, 중요한 행사라며 평소 안 하던 진한 메이크업으로 힘을 줬던 경험 같은 것 말이다. 낯설고 이상한 사진 속 모습에 속상했던 기억은 여성이라면 누구나 있을 것이다.

나는 여기서 '힘'이라는 것을 욕심이라는 단어도 바꾸어도 무방하다고 생각한다. 앞서도 말했지만, 결혼식 웨딩 촬영 업체를 적당한 선에서 골랐으면 됐을 텐데 더 예쁜 업체를 고르고 싶은 욕심 때문에 결국 시간이 지나 사진조차 찍지 못했다. 결혼식 준비도 너무 잘하려다 보니 피곤해서 정작 준비과정을 제대로 즐기지 못한 것은 아닌가 생각한다.

은율이를 키우면서도 어떻게든 잘하고 싶어서 아등바등했다. 사실 실
천한 것은 별로 없으면서 머릿속으로만 그렇게 많은 부담을 느꼈는지도
모르겠다. 초심자의 행운(beginner's luck)이라는 것이 있다. 새로운 것
을 처음 하게 될 때 뜻밖에 맞게 되는 좋은 결과나 성공을 말한다. 이와
는 반대로 시간이 흐르면서 욕심이 생기고 나름대로의 요령을 깨우쳐 심
혈을 기울였을 때는 오히려 좋지 않은 결과를 얻게 되는 경우가 많다. 나
역시 원고를 쓸 때 '오늘은 반드시 잘 쓰고야 말겠다!'는 의지를 불태울
때는 진도가 잘 나가지 않고 뭔가에 막혀 고전을 하는데 가벼운 마음으
로 몇 장만 쓰고 들어가겠다고 하는 경우는 평소보다 훨씬 많은 양의 완
성도 높은 원고를 쓴다. 그것은 아마도 지나친 부담감으로부터 나의 뇌
를 자유롭게 풀어주어 오히려 잠재력을 발휘하게 해주었기 때문일 것이
다.

중고책으로 크면 책과 친해진다

나는 은율이를 낳기 전까지 중고 거래를 해본 적이 거의 없다. 대학교
때 전자기기 같은 것을 학교 캠퍼스 내에서 학생끼리 교환한 것이 전부
였다. 그런데 아이를 낳고 나니 중고 거래를 할 일이 많았다. 금방 쓰고

바꾸는 장난감 같은 것을 매번 살 수는 없는 노릇이었다. 그 당시 살던 동네는 작은 신도시로 애 키우는 엄마가 많았고 인터넷 맘카페가 활성화되어 있었다.

육아용품 등을 무료로 주고받은 적도 많다. 은율이가 한밤중에 갑자기 열이 올라 발을 동동 구를 때 차를 타고 와 직접 해열제를 갖다 주고 가신 엄마도 있었고 접시에 부딪혀 머리가 찢겼을 때 새살 돋는 듀오덤과 제주도에서 가져온 귤까지 챙겨준 아기엄마도 있었다. 아무튼 맘카페는 나에게 정말로 유용했고 그야말로 신세계였다. 그중에서도 중고책은 은율이를 키우는 데 있어서 필수 아이템이었다. 돌이 지났을 무렵 나는 김선미 씨와 최희수 씨의 책을 통해 책 육아를 접했다. 아름다운 그림책으로 빠져드는 은율이를 보며 나는 책을 사다주는 재미에 흠뻑 빠졌다. 은율이 고모가 백일 선물로 사준 입체 북 전집과 친정엄마의 영어 그림책 전집, 그리고 남편이 사준 자연 관찰전집을 제외하면 아마 대부분 중고로 산 책들일 것이다. 새 전집의 가격은 보통 30~50만 원대이다.

나는 힘을 빼고 키우는 첫 번째 방법으로 중고 책을 꼽는다. 첫 아이라고 굳이 새 책을 살 필요가 없다. 남들이 보던 책이라며 싫어할 이유도 없다. 중고 사이트에서 파는 아이들 전집은 도서관에서 빌리는 책들보다 관리 상태가 훨씬 좋았다. 출판년도, 구성, 책의 상태에 따라 가격도 다양해서 저렴한 가격에 새것과 다름없는 책들을 얼마든지 구할 수 있었다. 은율이는 수많은 중고 책과 함께 자랐다. 아장아장 걷기 시작하고 말문이 터진지 얼마 되지 않았을 때, 몸통만한 책을 들고와서 내밀던 은율이는 이제 밥 먹을 때도, 차에서도, 나들이를 가고 심지어 응가를 할 때도 책을 읽어 달라고 조른다. 어디를 가든 가장 먼저 "엄마! 책 가져왔어?"라고 묻는다. 어린 은율이가 책을 실수로 구겨도, 몇 권은 차에, 몇 권은 외할머니집에, 몇 권은 외출 가방에 두어도 맘이 편하다. 한 권이라도 잃어버릴까 봐 전전긍긍할 필요가 없다. 나 역시도 책을 읽을 때 줄을 긋고 접어두고 형광펜으로 칠하기 때문에 은율이도 편한 마음으로 책을 보았으면 좋겠다.

▶ 아름다운 그림을 보며 상상에 빠지던 22개월

그냥 아이와 일상을 함께 하기

거창한 계획으로 아이와 하루를 채우지 않아도 된다. 그냥 아이와 심심하지 않게만 하루를 보내면 된다. 친한 친구와 같이 다닌다고 생각하면 좋겠다.

얼마 전 은율이와 함께 했던 하루 일과는 다음과 같다. 1. 아이와 함께 강아지 미용실 가기. 2. 집에 와서 같이 삼각대 조립하기. 3. 자전거를 타고 장보러 가기. 4. 시장에서 강아지 옷 고르기. 은율이는 강아지 옷가게를 지날 때 겨울옷을 보자마자 사고 싶어 했다. 지난 이맘때 입양한 하트의 겨울옷이 없었기 때문이었다. 나는 내가 정해놓은 일정한 금액의 돈을 넘어서지 않는 이상 은율이가 무언가를 사려고 할 때 크게 제재를 하지 않는 편이다. 그런다고 충동 구매하는 아이로 자랄까봐 걱정하지 않는다.

일흔셋의 연세에도 새벽부터 일어나 젊어서 세우신 사업체를 운영하시는 외할아버지, 그리고 매일같이 엄마를 따라나선 시장에서 물건 하나하나를 신중히 고르는 엄마를 보고 자랐기 때문이다. 나는 은율이가 스스로 소비를 해보도록 한다. '아이에게 경제관념을 심어주겠어.', '절약을 가르치겠어.'라며 힘주지 않더라도 함께 물건을 고르며 가격을 따져보고 고민하는 모습을 보이는 편이 훨씬 효과적이다. 그리고 꼭 살 필요가 없는 것은 은율이에게 이야기해주기도 한다. 그럴 때 은율이의 반응을 유심히 살펴보고 존중하며 대화한다. 마트도, 시장도 은율이와 함께 가지만 떼쓰는 통에 곤란을 겪어본 일은 거의 없다. 오히려 아이와 장보는 일이 행복하고 재미있다.

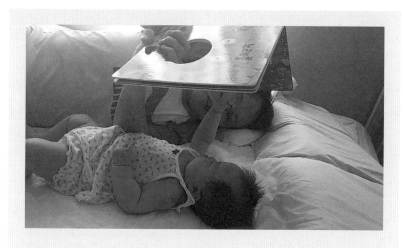

▶ 고모가 사준 입체북을 아빠와 함께 읽던 갓난아기 시절. 백일 무렵

아이가 좋아하는 것 하나만 해도 괜찮다

은율이가 다섯 살이 되면서 할 수 있는 것들이 점점 많아졌다. 그래서 나 역시 이것저것 또 아이에게 해주고 싶은 것들이 생겨난다. 하지만 다

양한 체험 시도로 체력의 한계가 오면서 책 읽어주는 횟수가 줄어드는 것을 느낀다. 이것저것 새로운 것을 시도하느라 에너지를 소진하지 말고 다시 육아 초심으로 돌아가 은율이가 가장 좋아하는 책 읽어주기에 집중하겠다고 다짐했다. 그래서 다이어리에 이렇게 써두었다. "은율이가 잠들 때까지 책 읽어주기"

하루를 마무리하는 방법으로 내가 가장 뿌듯함을 느끼는 것은 책을 읽어주며 아이를 편안히 재우는 것이다. 은율이는 엄마가 먼저 잠드는 것을 싫어하고 잠들 때까지 엄마의 책 읽어주는 목소리를 듣고 싶어 하기 때문이다. 여러 선택지를 두고서 고민하며 에너지를 낭비하는 것보다 가장 잘하고 효과 좋은 한 가지에만 집중하면 좋을 것이다. 육아는 언어, 외국어, 수학, 사회, 과학을 두루 잘해야 하는 수능 공부가 아니다. 1등급, 2등급의 합격선이 있는 것은 더더욱 아니다. 비교와 줄 세우기는 우리네 학창시절의 공부만으로 충분하다.

이제 육아만큼은 힘을 빼고 가장 행복한 시간으로 만들어가자.

잠든 아이의 얼굴을
보며 미안하다면

엄마라면 누구나 잠든 아이의 얼굴을 보며 가슴 아팠던 경험이 있을 것이다. 조금 전까지만 해도 악동처럼 난리를 치던 아이가 맞나 싶고 잠들기 직전의 소동이 마치 거짓말 같다. 잠든 아이의 천사 같은 얼굴을 보노라면 '내가 뭐 하러 이런 예쁜 아이에게 야단을 쳤을까.' 하는 생각이 든다.

새벽 늦도록 잠을 자지 않고 놀아달라는 은율이를 몇 번 야단쳐서 재운 적이 있다. 잠든 아이의 눈가에 마르지 않고 남아있는 눈물을 닦아주면서 마음이 아려 통통한 볼만 연신 어루만졌다. "미안해. 내일은 끝까지 놀아줄게."

20대 후반 주부가 새벽에 맘카페에 짧은 글을 올렸다. 하루 종일 집안일 하느라 아이랑 눈 맞추고 놀아주지 못한 것 같아 미안한 생각이 들었고 내일은 집안일을 좀 미루더라도 아이와 놀아주겠다고…. 나는 그 엄마에게 그런 마음이 드는 것만으로 이미 훌륭한 엄마라고 답글을 달아주었다. 또한 동생이 생긴 뒤로 맏이에 대해 안쓰러운 생각이 많이 든다고 했다. 둘째를 임신하면 맏이에 대한 보살핌이 줄어들고 출산 후에는 더하기 때문이다. 맏이 역시 아직 어린 아이인데 갑작스런 동생의 존재 때문에 관심의 순위에서 밀리는 것이다. 잠든 맏이 얼굴을 보면 대견하기도 하고 안쓰럽기도 해서 눈물이 난다는 엄마들의 이야기를 많이 들었다.

지금은 새벽 한 시가 넘은 시간이다. 글을 쓰는 내 옆에서 잠든 아이의 얼굴을 만져보았다. 땀이 흘러 머리카락이 얼굴에 붙어 있다. 머리카락을 정돈해주며 보니 뒷머리까지 촉촉하다. 아이들은 자는 동안에도 왕성한 세포분열을 하는 통에 몸에서 열이 난다. 자면서도 성실히 자신의 과업을 수행하는 것이다. 성장의 과업 말이다. 그런 아이의 잠자는 얼굴은 사랑스럽기 그지없다. 은율이가 갓난쟁이일 때 나는 수면 시간이 턱없이 부족했다. 그런데도 새벽에 한 번씩 깨면 은율이 자는 모습 구경하느라 한참을 잠들지 못한 적도 있다. 그만큼 잠자는 아이들 얼굴은 예쁘다.

▶ 큰아빠가 사주신 곰인형의 코가 초코볼 같다며 '초코볼'이라는 이름을 붙여주었다. 다섯 살

잠든 아이의 모습을 보고 느끼는 엄마의 감정이 진짜다. 그것을 믿으면 좋겠다. 또한 잘 때 보이는 천사 같은 얼굴, 그것이 아이의 진짜 모습이다. 그래서 나는 은율이가 잠든 모습을 보며 미안함을 느낀 다음 날이면 잠에서 깨어나자마자 더 많이 안아준다. 더 많이 뽀뽀해준다. 전날 야단쳤다면 미안하다고 이야기해준다. 잠에서 막 깨어 따스한 은율이는 밤새 성장하는 동안 그 일을 까맣게 잊어버린 듯하다. 다시 나에게 예쁘게 웃어주며 "엄마, 우리 놀자"고 한다.

집안일을 좀 미루더라도 은율이와 함께 놀며 시간을 보낸다. 전날 내가 느꼈던 후회의 감정들을 기억하면서 이 순간을 영원으로 건져 올리려고 노력한다. 그러면 쫓기듯 급하게 생각했던 집안일도 그다지 중요하지 않았음을 깨닫게 되면서 마음도 한결 편해진다.

은율이가 네 살이 되면서부터 나는 소아정신과 의사인 서천석 선생님의『우리 아이 괜찮아요』를 읽으며 아이의 심리에 대해 깊게 이해할 수 있었다. 그전까지는 주로 아이의 자존감, 내면의 문제 그리고 경청과 공감 등을 다룬 책을 많이 읽었는데, 그 책들을 통해 육아의 큰 흐름을 잡고, 서천석 교수님의 책으로는 사례를 통한 개별적 상황 대처법에 대한 도움을 얻었다. 지금도 적절한 시점에 서천석 선생님의 책을 사 온 남편에게 고마움을 느낀다. 그 책을 읽던 어느 날 눈이 번쩍 뜨이는 부분을 발견했는데 육아에 대한 시각을 바꾸게 된 계기가 되었다.

"내 마음이 편하고 여유가 있어야 아이를 가르칠 수 있어요. 그때가 될 때까지 아이와 그냥 이 순간을 버려보세요. 잠자는 아이를 안아보세요. 따뜻합니다. 분명 엄마 마음에 위안이 될 거예요. 아이와 함께 악착같이 즐거운 일을 해야 합니다. 아이와 함께하면 기분 좋아지는 일을 떠올려 보세요. 그리고 실천하는 겁니다. 그렇게 해서 힘을 얻고 내 마음을 단단하게 만들어가야 합니다."

다른 누군가가 아닌 아이 자체로부터 행복을 찾고 아이와 함께하는 여정 속에서 행복할 수 있다는 확신이 강하게 들었다. 다른 무엇보다 아이 안에 있는 따뜻함이 엄마에게 힘이 되는 것이다. 그 후부터 은율이의 존재 자체를 사랑하는 마음이 더욱 커졌다.

나는 남편과 아이가 잠든 시간이면 육아서를 펼치고 정신과 의사 선생님도 만나고 육아 멘토 언니도 만났다. 내가 궁금한 것들, 고민하는 것들에 대한 대부분의 답을 들을 수 있었다. 그리고 다음 장에서 곧바로 서천석 선생님은 이렇게 말하고 있었다.

"아이가 굶어 죽지만 않으면 된다는 마음으로 '다 못해도 좋다. 상관없다. 좋은 시간을 갖고 서로 행복해지는 데 집중하자' 쪽으로 방향을 잡아보세요.", "어떤 일은 적당히 해내며 마음의 부담을 줄여야 합니다."

의사 선생님에게서 '아이가 굶어 죽지만 않으면 된다'라는 이야기를 들으니 그보다 마음 편하고 위로가 되는 말이 없었다. 그 즈음에 나는 살림에 속도가 붙으면서 육아와 살림 둘 다를 잘 해낼 것만 같은 착각에 빠져, 그것이 생각처럼 되지 않는 날에는 자책과 무기력에 빠져 지냈던 것이다. 잠든 은율이를 보면서 미안함을 느끼는 날들이 부쩍 늘어난 것이 그 반증이었다. '잠자는 아이를 안아보세요. 따뜻합니다.'라는 구절은 눈물이 핑 돌 만큼 감동을 주었다. 그것은 나의 육아에 있어 분수령적인 변화를 추동하는 계기가 되었다. 이후로 잠든 은율이를 보면서 안타까움이나 미안함을 느끼는 횟수가 훨씬 줄었다. 남편에게도 살림에 있어 힘든 부분을 털어놓으며 도움을 구할 수 있었다. 남편은 집안일을 거들어주었고 은율이와 평소보다 더 많은 시간을 할애해 놀아주었다. 주말은 집에서 내가 쉴 수 있도록 배려해주었다. 혼자 힘으로 하려 하지 않고 내가 편한 마음이 되어 도움을 구하자 갈등 없는 선순환이 일어났다.

잠든 아이의 얼굴을 보며 미안하다면 당신이 지쳤다는 의미일 수도 있다. 마음은 그게 아닌데 행동이 따라주지 않는 상태라는 신호이다. 다음에 해도 좋다는 여유를 가져보면 어떨까. 잠든 아이를 안아보자. 나처럼 당신도 위안을 얻을 것이다. 그리고 내일은 반드시 아이와 행복한 일 한 가지를 해보기로 하자.

잠든 아이를 보며 미안한 순간이 잦다면, 당신이 조금 지쳐 있다는 뜻일 거예요. 우리, 조금만 쉬어가요.

엄마가 철이 없어야
아이가 행복하다

코로나로 하루하루 생활반경이 좁아지고 있었다. 입장료가 저렴하고 볼거리도 많은 어린이 대공원 내 전시장이나 각종 박물관, 체험장도 휴장하는 곳이 대부분이었다. 친구네 집에 놀러 가는 것도 조심스러웠고 홈 베이킹도 하루 이틀이지 말이다. 늦봄에서 초여름이 가까워지면서 좋은 날씨에 집 안에만 머무는 게 답답했다. 게다가 은율이는 한창 호기심에 불타는 48개월 아이였다.

나는 파란색의 조그마한 2인용 원터치 텐트를 하나 주문했다. 색깔을 은율이에게 고르게 했음은 물론이다. 텐트가 도착하자마자 우리는 신이 났다. 팡! 하며 순식간에 텐트는 펼쳐졌다. 낮에 그 텐트를 거실에 펴고 은율이와 나는 책을 읽었다. 그 안에서 밥도 먹었다. 강아지 하트는 영문도 모른 채 우리의 거실 캠핑에 동참했다.

다음날 나는 아파트 마당에서 캠핑하자며 은율이를 데리고 나갔다. 신이 난 아이는 장난감을 챙겼다. 모래놀이 버킷, 아빠가 마시고 나서 씻어둔 플라스틱 커피 통, 공룡이랑 곤충 피규어 등이었다. 오래된 아파트 화단에 텐트를 펼쳤고 은율이와 나는 텐트 안에 들어가서 책을 읽었다. 흙에 물을 붓고 땅도 파보았다. 흙 마당에 세워둔 공룡이나 곤충 피규어는 방안에서 가지고 놀 때 보다 더 생동감 있었다. 어린이집 휴원으로 놀이터를 배회하던 다른 아이들도 하나둘씩 모여들었고, 따라 나온 엄마들도 흥미롭게 지켜보다 말을 걸기도 했다. 코로나로 우울하게 지내던 봄날의 따뜻하고 행복한 추억이었다.

은율이가 좋아 하는 애니메이션은 〈겨울왕국〉과 〈주토피아〉다. 만화영화의 주제곡이 나오는 대목에서는 진짜 안나 공주와 한스 왕자가 된 것처럼 좁은 거실을 빙글빙글 돌아야 하고, 주토피아로 떠나는 토끼 주디처럼 신나게 달리며 춤을 춰야 한다. 마흔이 넘는 엄마는 숨이 차 죽을 지경이지만 마음만은 아이가 되어 은율이와 신나게 논다. 은율이를 번쩍 들어서 올렸다가 내려주고 강아지도 신이나 짖고 달리면 집안은 온통 난리 법석이 된다. 우리가 이렇게 놀면 남편은 재밌다는 듯 쳐다본다.

▶ 아파트 놀이터 캠핑의 추억. 48개월

 사실 은율이와 이렇게 철없이 노는 것을 나는 친정 언니와 오빠에게서 배웠다. 네 살 터울인 언니는 나와 정말 많이 놀아주었다. 옥상에서 구름을 보며 고래 모양, 강아지 모양 찾기 놀이를 했고, 인형 옷을 손바느질로 만들어 주기도 했다.

 오빠는 녹음기에 본인의 목소리를 녹음해서 보물찾기를 지시했다. 동생인 언니와 나는 그 목소리대로 집안 곳곳을 찾아다니며 보물을 찾는 놀이를 했다. 보물찾기 도착지에서 오빠가 튀어나온 적도 있다. 거울을 벽에 기울여 세워놓고 바닥에 누우면 바닥이 가파른 경사같이 보인다. 우리는 바닥에 엎드려 마치 암벽 등산을 하는 것처럼 상상놀이를 했다.

변변한 장난감도 없었지만 우리 남매는 끊임없이 놀이거리를 찾아 창의적인 놀이를 만들어냈다.

은율이에게 이모가 된 친정 언니는 나와 놀았던 것처럼 은율이와 자주 놀아준다. 그 모습을 보고 있으면 기분이 묘해지곤 한다. 조그마한 랜턴을 사서 어스름이 깔려오는 놀이터를 다니며 조카와 탐험 놀이를 한다. "대원! 준비됐나?" "네! 대장!" "그럼 출발!"하며 진지한 탐사대 놀이를 한다. 이를 보던 동네 사내아이들도 호기심이 생겨 쫓아다닌다. 언니 덕분에 은율이는 대원들을 이끄는 수석 요원 자리를 차지하고 오빠들이랑 실컷 뛰어다니며 즐겁게 놀았다.

아이의 감정에 반응해주고 감정을 공감해주는 것은 아이에게 행복이라는 씨앗을 심어주는 작업이라 생각한다. 자신이 사랑받아 마땅한 존재이고 사랑받고 있다는 확신이 강해질수록 어떠한 상황에서도 행복의 조건을 찾을 수 있는 밝은 성격을 갖게 되는 것이다. 부모와 함께 노는 것은 아이의 정서, 신체, 두뇌 발달 모두에 아주 긍정적인 영향을 미친다.

대략 초등학교 6학년까지는 모든 아이가 부모를 무조건적으로 좋아한다고 한다. 부모와 놀기를 참으로 좋아하는 것이다. 하지만 그 시기가 지나면 아이들은 부모와 자신과의 관계를 객관적으로 바라보기 시작한다.

'나의 아빠는 좋은 아빠인가?', '엄마와 나의 관계는 어떠한가?' 그러면서 부모에게서 멀어질지 아니면 더 친밀해질지를 결정한다는 것이다. 그 사실을 떠올리면 다시 한 번 각성하게 된다.

▶ 아이처럼 놀아주는 이모와 외가 옥상에서 물놀이. 세 살

지금 한없이 나만을 사랑하며 따르는 딸. "엄마! 같이 춤추자! 엄마! 엄마!" 하는 딸에게 나는 철없는 사랑을 주고 있는가. 아이가 만화 영화 음악을 틀어놓고 손을 잡아끄는 시절은 이제 곧 사라질 것이다. 그때 가서 더 철없이 놀아줄 걸 하면서 뒤늦은 후회를 하는 엄마가 되고 싶지 않다.

아이의 순수한 모습이 영원할 거라 착각하며 이 시간을 낭비하는 실수를 하고 싶지 않다. 지금의 관계가 쌓여 아이와 나의 미래의 관계가 만들어질 것이기 때문이다. 이사하면서 1층만을 고집했는데 정말 잘했다는 생각이 든다. "뛰지 마."라는 말 대신 "공주님, 저와 춤춰요! 드디어 우리가 만났어요!" 하며 나의 꼬마 공주님과 행복한 춤을 출 수 있기 때문이다.

어린 시절을 잠시만 떠올려보자. 어린 시절의 나와 지금 내 아이가 친구가 된다고 생각해보면 어떨까.

이상하게 쉬운 육아,
행복한 육아

육아는 여행과도 같다는 생각이 든다. 당신의 여행 파트너인 남편은 여행 경비를 버는 데 여념이 없다. 구체적인 여행 계획이나 코스 선택은 모두 당신에게 달려 있다. 이때 주의할 것이 있으니 옆집 엄마에게 얻은 여행 정보로 여행 계획을 짜서는 안 된다는 것이다. 또 하나, 여행 가이드 회사에 일임해서는 더욱더 안 된다. 그들은 내 주머니만을 탐내고 있기 때문이다. 이 여행 코스에 무지한 남편과 여행의 또 다른 동반자인 아이를 지키기 위해서 엄마인 당신이 현명하고 지혜로워야 한다.

너무 힘들다며 남들처럼 쉽게 가자고 하는 여행 파트너 남편을 잘 다독이며 가야 한다. 예상치 않은 어려움도 막아주고 무엇보다도 여행 경

비 대부분을 그가 부담하기에 절대로 그를 무시해서는 안 된다는 점을
여행 내내 기억하자.

▶ 책 쓰기의 영감을 준 제주도 한
달 살이 여행. 다섯 살

단체 여행의 말끔한 유니폼이나 장구를 챙기지 못해 남 보기 민망하거
나 목적지를 향해 무리지어 가는 사람들을 보며 불안함을 느낄 수도 있
다. 길섶에 쭈그리고 앉아 꽃이며, 벌레를 쳐다보는 아이 때문에 초조한
생각이 들 수도 있다. 그런데 골짜기를 하나 넘고 냇물을 하나 건넜을 때
당신 앞에 놀라운 광경이 펼쳐진다. 탁 트인 넓은 대지, 그리고 자동차로
도 갈 수 있는 길이 옵션으로 주어진다. 남편이랑 아이는 사이 좋은 친구
처럼 여행을 즐기기 시작한다.

옆을 보니 탄탄대로가 끝나고 험산 준령의 시작이다. 먼저 앞서 가던 아이들은 갑자기 쳐지면서 부모 탓을 한다. 가이드에게 많은 돈을 준 탓에 여행 경비도 바닥이 나고 있다. 많은 사람들이 선택한 코스라 안심하고 따라갔는데 하나같이 다 왜 이렇게 되었는지 모르겠다는 반응들이다. 내 곁의 아이를 보니 시키지도 않았는데 혼자서 지도를 펼쳐서 길을 연구하고, 어느새 나보다 더 어른스러워진 아이는 최신 정보로 우리 부부를 안내해준다. 심지어 지도에 나와 있지 않은 길을 개척해 나간다.

▶ 제주 여행에서 메뚜기를 채집하며 신이 나 소리지른다. 다섯 살

이것은 내가 꿈꾸는 육아 여행 코스이다. 우리 세 식구가 함께하는 육아 여행 말이다. 이 여행을 순조롭게 끝내기 위해 준수해야 할 사항이 몇

가지 있다.

첫 번째, 어린이 여행자라도 어른처럼 존중해줘야 한다. 명령하거나 무조건 어른의 스케줄에 맞추라고 해서는 안 된다. 그러면 이상한 골짜기에 빠질 수도 있다. 거기서 아이를 건져 내려면 혹독한 대가를 치러야 한다. 그 점만 유의하더라도 이 여행의 반 이상은 성공이다.

두 번째, 조금 더디게 가더라도 하나하나 관찰하며 가야 한다. 남들보다 앞서겠다고 멀리 크게 보이는 이정표만 보면서 달려서는 곤란하다. 여행길에 숨겨놓은 소소한 재미들을 즐겨야 하는데 그것들은 재미로만 그치지 않고 새로운 지도의 독도법을 익히는데도 중요한 힌트가 된다. 이 과정을 건너뛰면 평생 남이 갔던 길로만 가야 한다.

세 번째, 여행지를 자세히 설명해 놓은 책을 준비물로 챙겨야한다. 아는 만큼 보이는 게 여행이라지 않는가. 그 지역의 역사와 자연에 대해 여행길 내내 공부하며 간다면 여행의 즐거움은 배가될 것이다.

네 번째, 마지막으로 필요한 것은 믿음이다. 아이에 대한 믿음, 그리고 배우자간의 믿음이다. 이 믿음이 흔들릴 때 잠시 앉아서 대화를 나누는 것이 필요하다. 우리는 분명 길을 잃지 않았고 바른 길로 가고 있다고 서로를 격려하자.

나는 현재 두 명의 여행 파트너와 함께 육아 여행을 하고 있다. 초반에는 고생길이지만 갈수록 행복한 코스로 타협 없이 간다. 남들에게서 '이상하게 저 집은 쉽고 즐거운 여행을 하네.' 하는 말을 들을 코스를 선택해 가고 있다. 이상하게 쉬운 육아, 행복한 육아, 동참하지 않겠는가? 초반에 비밀로 했는데 이 여행의 경비는 아주 저렴하다. 기본 패키지 가격에 소신만 지불하면 된다.

육아의 추월차선을 달리자.

07

아이도, 당신도
분명 잘할 수 있을 거예요

유년 시절 가장 기억에 남는 장면 하나를 고르라면, 조금이라도 엄마를 더 빨리 보고 싶어서 매일 저녁 어스름이 깔려올 때 쯤 퇴근하는 엄마를 마중하러 언니의 손을 잡고 가던 일이다. 부모님이 대어준 밑천이 없었던 나의 친정 아빠는 기술을 익히시며 홀로 자수성가하셨다. 새벽부터 밤늦게까지 주말도 없이 일하시며 20대 가장으로서 무거운 짐을 짊어지셨다. 아빠가 기반을 잡는 과정에서 엄마도 자연스럽게 맞벌이를 하셨다. 나는 언니가 오후반 수업에서 돌아오기만을 기다렸다. 언니가 오면 같이 놀다가 언니 손을 잡고 한참을 걸어 엄마를 마중하러 갔다. 아마도 내가 여섯 살, 언니가 초등학교 3학년 즈음이었을 것이다. 저 멀리서 자전거를 타고 오는 엄마의 모습이 그렇게 반가울 수가 없었다. 요즘도 땅

거미가 지는 시간이 되면 그때가 생각나 아련한 기분에 젖곤 한다.

이 글을 읽는 분 중 소위 워킹맘도 많을 것이다. 책의 많은 부분을 가정 보육에 대해 이야기하다 보니 불편하게 여기실 분들도 있으리라 생각한다. 그래서 마지막 장에서 나의 유년 시절의 기억을 나눈다. 나는 워킹맘은 아니지만 워킹맘의 딸이고, 누구보다 워킹맘의 마음을 이해한다.

엄마는 누구보다 따뜻한 존재였다. 나는 엄마가 화내는 모습을 본 기억이 거의 없다. 정이 많은 엄마, 쉬는 날이면 우리 삼남매와 무엇 하나라도 더 함께 하기 위해 노력하시는 엄마였다. 늘 잠이 부족하셨을 텐데도 같이 놀자고 매달리는 막내딸한테 짜증 한 번 내신 적 없다. 어린 시절 엄마와 많은 시간을 보내지 못했지만, 함께 보냈던 시간만큼은 따뜻한 기억으로 남아 있다. 여름이면 마루에서 우리 다섯 식구가 설탕 뿌려 먹던 수박과 토마토, 그 국물까지 후루룩 마시던 자식들을 뿌듯하게 바라보던 엄마. 음악을 좋아하던 아빠의 기타 반주에 맞춰 노래를 부르면 개다리소반에 저녁밥을 차려오던 엄마. 얻어온 새끼 고양이를 장바구니에서 조심스레 꺼내며 건네던 엄마. 유년 시절의 기억은 강렬하다. 사건별로 명확히 기억나지 않는다고 해도 어렴풋한 이미지와 느낌으로 기억이 윤색된다. 나는 누구보다 따뜻했던 엄마와 아빠 덕분에 옆길로 새지 않고 장성했고, 육아서를 쓸 만큼 육아의 전문가가 되었다.

엄마와의 양적인 시간을 채우지 못한 아쉬움 때문일까? 나는 은율이가 원할 때까지 기관에 보내지 않고 내 품에서 키우겠다고 자연스럽게 생각해왔다. 은율이의 영·유아기 때 원 없이 아이와 살을 부비고 같이 시간을 보내며 엄마인 내가 더 많이 치유되는 경험을 했다. 그것은 참 놀라운 과정이었다. 하나님이 우리에게 자식을 주신 이유가 우리의 어린 시절을 다시 한 번 체험하게 하시려는 것이 아닐까 생각해보기도 했다. 은율이가 배 속에 있을 때부터 태어나서 자라는 모든 과정을 함께 하며 내 어린 시절을 마주하게 하시는 일이 참 신기했다.

이번 여름 제주도 여행에서 찍은 사진을 보다 든 생각을 나누려고 한다. 옛날 사진을 보며 부모님이 '너 아기 때 설악산 갔을 때 사진이다.', '바닷가 갔을 때 사진이다.' 하실 때 나는 묘한 기분이 들곤 했다. 분명 사진 속 아기는 나인데 기억이 나지 않고, 사진 속 부모님은 그 시대의 나팔바지와 파마머리 차림이었다. 세련되진 않았지만 거친 눈매가 익숙한 듯 낯선 멋진 청년이었다. 여행하며 은율이랑 사진을 찍을 때마다 커서 이 사진을 보게 될 은율이가 오버랩되었다. "여긴 정방폭포, 여긴 표선 바닷가… 기억나?" 하는 내 목소리도 들리는 듯하다. 부모의 자리, 그리고 훗날 내 자녀의 자리까지 상상해본다. 이런 생각을 한 날은 폭포를 다녀온 날이었다. 폭포 한가운데서 이런 생각을 했다. '은율이에게 폭포를 가까이서 보여주고 싶어 아빠가 은율이를 안고서 미끄러운 바위를 지나갔던 이 멋진 순간을 은율이는 기억할까?' 부모님이 하신 일을 나도 똑같이 하는 것이다. 내 아이도 나와 같은 말을 할 것이다. '나는 그때 쯤이면 늙어 있겠지?'라는 생각을 하니 이 순간이 현재요, 미래요, 미래속의 과거 같다는 생각이 들어 뭉클했다. 나는 내 세포와 근육에 기억된 '머슬 메모리'대로 아이를 양육하고 있다는 것을 깨달았다. 엄마가 나에게 베푸신 정과 사랑을 그대로 내 아이에게 흘려보내고 있다. 사랑이 많은 사람으로 키워주신 엄마에게 감사드린다.

▶ 제주 정방폭포에서. 2020년 여름

'나는 좋은 모델이 될 만한 부모님이 계시지 않았는데…' 라며 걱정할 필요는 없다. 나 역시 완벽한 부모님 아래서 자란 것이 아니다. 5년간 아이를 내 손으로 기르면서 감정의 바닥을 친 일도 한두 번이 아니다. 그모든 것이 성장 과정의 상처에서 비롯된 것임도 인정하게 되었다. 그럴 때마다 누군가를 탓하는 대신 육아 선배들이 쓴 책을 읽으며 아이와 나의 성장에 집중했다. 그들은 내 스승이었고 카운슬러이자 정신과 의사였다. 남편과 은율이가 잘 때 그 옆에서 불을 켜놓고 밑줄을 그으며 읽었다. 그렇게 혼자 훌쩍이며 읽은 책들이 수십 권이었다. 물러서지 않고 온몸과 마음으로 부딪치며 키우다 보니 나는 마침내 일상을 빛나는 순간으로 만드는 법을 조금씩 터득하게 되었다. 눈물 흘리며 육아서를 읽던 사람에서 육아서를 쓰는 사람이 된 것이다. 사실 이 책을 쓰면서 많이 울었다. 아이 키우는 일을 이야기하며 눈물 흘리지 않을 엄마가 누가 있으랴.

당신도 아이도 잘할 수 있다. 물러서지만 않으면 된다. 워킹맘이어도 괜찮다. 기관에 보내지 않고 아이를 키우는데 맨날 화를 내서 자책감에 시달리는 엄마라도 괜찮다. 책에 다 담지 못했지만, 나야말로 화산 폭발 엄마이다. 당신 아니면 대체할 사람이 없는 이 자리를 지키고만 있어도 된다. 엄마와 함께 보냈던 시간이 조금 부족하면 부족한 대로 아이는 그것을 인생에서 재해석하며 살아갈 것이다. 나처럼 말이다. 그러니 아이 옆에 있는 당신을, 당신 옆을 가장 좋아하는 아이를, 그저 그 자리를 지켜주는 서로를 칭찬하면 좋겠다. 그마저도 할 수 없는 상황에 놓인, 하지 못하는 사람들도 많다. 너무 먼 미래를 바라보기보다 오늘 하루 기필코 행복했으면 좋겠다.

　당신은 어떤 유년 시절의 장면이 가장 기억에 남는가? 당신의 아이는
어떤 유년의 기억을 가지고 살아가면 좋겠다고 생각하는가? 그 대답과
더불어 마지막으로 꼭 한 가지만 기억했으면 좋겠다. 탯줄로 연결되어
있던 두 사람이지만 둘의 심장은 엇박자로 뛰고 있었다는 사실 말이다.
내 배 속에 있던 아기이지만 처음부터 나와는 다른 인격체이다. 아이가
스스로 삶을 개척해 나가려 할 때 아쉬움 없이 마음껏 격려해주기 위해
지금 후회 없는 사랑을 부어주면 좋겠다. 당신도, 당신 옆의 소중한 아이
도 분명 잘할 수 있다.

▶ 설악산에서. 1980년 여름.
30대 초반의 친정부모님

아내의 책에
남편이 쓰는
에필로그

늦둥이 딸내미를 쳐다보며 우리 부부가 종종 하는 말이 있습니다.

"요 귀여운 것이 갑자기 어디서 나타났지?"

분명 멀지 않은 과거에는 이 세상에 없던 존재였는데 어느 틈엔가 나타나 우리 삶의 일부가 돼 있습니다. 사진을 들추어보며 떠올리기 전에는 불과 1~2년 전 아이의 모습도 잘 기억이 나지 않습니다. 오직 현재의 모습만 짧은 기억에 저장될 뿐입니다. 자라는 아이를 보며 문득 드는 이런 느낌은 생경함이라기보다는 경이로움에 가깝습니다. 아이는 무미한 일상을 선물로 만드는 존재입니다.

제가 초등학교(당시의 국민학교) 2~3학년 때의 일인 것 같습니다. 처음으로 친구 생일 파티에 초대받아 선물로 공책 몇 권 들고 찾아간 적이 있었습니다. 어렴풋한 기억에도 친구네는 유복한 집이었습니다. 하지만 한 상 가득 차려진 생일상보다 부러웠던 것은 반 친구들을 초대해서 요리까지 만들고 같이 놀아주던 친구의 엄마였습니다.

얼마 지나지 않은 1월의 어느 아침이었습니다. 동네에서 작은 떡볶이 가게를 하던 어머니는 여느 때와 다름없이 일찍부터 분주합니다.

"오늘 내 생일인데….."

볼멘소리를 해보지만, 어머니는 잠시 머뭇거렸을 뿐 서둘러 집을 나섭니다. 그날 오후 어둑해진 방안의 소반에는 과자 몇 봉지가 올려져 있었습니다. 어린 마음에도 옹색한 생일상이 초라하게 느껴져 결국 친구 초대는 포기했습니다.

성인이 되어서도 사람들의 주목이나 환대, 축하받는 일이 늘 어색하고 불편하기까지 했던 것은 아마 그런 유년 시절의 기억과도 관계가 있을 것입니다. 하지만 딸아이를 키우면서 제 상처나 기억은 다른 의미로 다가오는 것을 경험하게 됐습니다. 물론 어머니는 '생일 사건'을 기억하지 못하실 수도 있습니다. 하지만 '품안의 자식'을 키우며 팍팍하고 고단한 일상을 버티다가 남의 집 자식들처럼 챙겨주지 못했던 많은 순간에 부모로서 느꼈을 비감이 마음 한 구석을 파고들어 옵니다.

육아를 통해 내 아이뿐만 아니라 내 속의 내면 아이까지 만났습니다. 젊은 시절 내 부모들과 조우하게 되면서 상처가 치유되고 이해의 폭이 깊어지는 것을 느낍니다. 그런 면에서 아이는 나의 스승입니다. 아내의 육아 일기를 보면서 아내도 비슷한 경험을 했다는 것을 깨달았습니다.

이 책은 아이가 엄마를 알아보고 애착을 형성하는 다시없는 시간 동안 같이 울고 웃고 부대끼며 느리게 걷기를 주문합니다. 소박해 보이는 그 결론을 입증하기 위해 아내는 '육아의 법정'에서 혼신의 힘을 다해 변론하는 진정한 율사였습니다. 아직 진행 중인 그 과정을 온전히 마치고 나면 변호사 자격증보다 값진 엄마 자격증이 주어질 것입니다. 이 책이 자책과 희망 사이를 오가며, 생업과 육아의 전선에서 고군분투하는 이 땅의 모든 엄마 아빠에게 바치는 헌사가 되었으면 좋겠습니다.

목동 사무실에서
남편 김지훈 변호사